掌握人的煩惱就大賣!!

惡魔行為經濟學

驅動風潮熱銷現象令消費者心動的40條法則

Kentaro Matsumoto
松本健太郎

劉愛夌、鄭淑慧 譯

目次

第2章

「憤怒」是人的動力

第3章　人是「怠惰」的生物

第5章 謊言總是比真相美麗

第6章 人本就是「矛盾」的生物

結語

序章

熱銷商品必有「惡」的一面

別被「裝模作樣的謊言」騙了！

■麥當勞的沙拉為什麼賣不好？

二〇〇六年五月，日本麥當勞推出了「麥克沙拉」。

當時的新聞稿是這麼寫的：「麥當勞爲幫助顧客打造均衡健康的生活，讓顧客更輕鬆愉快地追求健康，我們將在二〇〇六年五月十三日（六），於日本全國推出五種健康蔬果沙拉——『麥克沙拉』。」

爲什麼麥當勞會推出沙拉呢？其實是因爲他們對顧客進行了問卷調查。

許多民衆在問卷上寫到「我想吃健康沙拉」、「我不吃麥當勞，因爲對身體不好」等意見，麥當勞的產品開發團隊看到民衆這麼注重健康，便設法將產品與健康結合，開發出屬於麥當勞的沙拉。

看到這裡，你是不是也以爲麥克沙拉肯定大賣狂銷呢？錯了！麥克沙拉辜負了開發人員的期待，乏人問津，最後甚至遭到停售。

怪了，客人不是吵著要吃沙拉嗎？**為什麼推出沙拉後，客人反而不買帳呢？數據是事實，卻不一定是真相。**如果無法解讀出潛藏於背後的眞實意義，數據就完全派不上用場。

我是一名數據科學家，至今幫客戶分析過無數份數據。偶爾我也會被數據騙得團團轉，這時就不得不重新作業，有時還會被客戶罵得狗血淋頭。每每遇到這種狀況，我都覺得自己的心在滴血。

這些經驗讓我明白——數據不能盡信，盲目信從是會倒大楣的！

尤其是在分析跟「人」有關的問卷時，更要謹慎再謹慎，解讀出隱藏在背後的「意義」。因爲，**有些人雖無欺騙之意，卻會為了讓自己顯得更完美而撒下「裝模作樣的謊言」**。

分析這些充滿謊言的可疑數據時，一定要有穩固而明確的「定義」。這並不是個簡單的工作，也不是光靠勞力就能做到的，除了必須花費大量的時間做準備，還必須擁有看穿他人謊言的天分。

■「背德感」能使商品大賣？

很多數據都有瑕疵，其呈現出來的，不過是事實、現象、事物、過程、構思的極小部分。若基於這樣的數據進行判斷，最後可能會導向錯誤的結論。

重點來了！這時最重要的，其實是**洞察力**。

一個優秀的行銷人員，必須深入觀察目標對象，敏銳地看清事物本質，用推論的方式補充數據欠缺的內容，訂立假設、檢驗查證，最後導出正確的結論。

回到剛才那個問題——爲什麼麥克沙拉會賣不好呢？

因爲客人在問卷中說他們想吃健康沙拉，商品開發人員卻未「洞察」出這其實是「裝模作樣的謊言」，因而沒有做出以下推論——

「民眾嘴上說想吃健康沙拉，但心裡真的是這樣想的嗎？」

「民眾說想要輕鬆享受均衡健康的生活，但二十幾歲的年輕男女，真的會有這種老年人的想法嗎？」

要洞察出這些訊息，必須跳脫表面的數據，精確地觀察這些數據的源頭——人。

或許有些客人是真心想要追求健康，但若你能洞察出「人性」，就會發現他們說這種話，有一半是在**「跟風做表面，並非出自真心」**。

「雖然我知道這樣吃不健康，但說老實話，我還是想要爽吃肥嫩多汁的高熱量漢堡！」

——我們必須「洞察」出顧客的真心話，才能開發出暢銷商品！

「麥克沙拉」以失敗收場後，日本麥當勞於二〇〇八年推出了「四分之一磅雙層牛肉堡」，顧名思義，就是使用「四分之一磅」（約一一三公克）的漢堡肉製作的漢堡，超過以往漢堡的兩倍。

相信很多客人看到該產品都拍手叫好：「這就對了！這才是我要的！」果不其然，該漢堡推出後大受歡迎，結果證明，「想吃沙拉」真的就只是「裝模作樣的謊言」。

之後，日本麥當勞又接連開發了一系列的「不健康產品」。二〇一六年，他們推出了比正常版大上一．三倍的「巨型大麥克」；之後更推出比正常版大上二．八倍的「巨無霸大麥克」。

時任日本麥當勞行銷長的足立光在其著作《毒藥工作術》（劇薬の仕事術）中提到：「**偶爾就會想要品嚐這種脫軌式的美味，即使有背德感，還是忍不住大口咬下——這就是麥當勞。**」

■人都是非理性的

若我們合理地就「長壽」的角度來看，當然要盡量吃簡單又健康的食品，而非巨型大麥克、巨無霸大麥克這種高熱量漢堡。問題來了，既然如此，爲什麼人們偶爾就會想吃麥當勞呢？

答案很簡單，**因為人都是非理性的**。準確來說，「合理性」本就會隨著狀況改變定義；有時卽便你覺得合理，看在其他人眼中卻是詭異到不行。

平常總是把健康擺第一的人，當然也會吃汁多肉厚的麥當勞漢堡。因爲他們也會肚子餓，也會想要大口咬下美食；明知暑假快結束了，卻遲遲不肯寫暑假作業；習慣捨難取易，逃避繁瑣麻煩，尋求輕鬆安逸；明明開刀留下後遺症的風險只有百分之一，就在那邊想東想西、不肯動手術；不三思而後行，把打工時拍的蠢影片上傳到社群網站，完全沒考慮到這麼做，很可能將自己的愚蠢行爲流傳到網路上。

爲什麼我們會選擇非理性的選項呢？因爲**人在做決定時會產生偏誤（bios）**。所以即便有「背德感」、明知道「對身體不好」，還是抗拒不了美食的誘惑，進而追求一時的快樂。

不過，在這裡還是要提醒大家，偏誤並不等於「惡」。我們只要掌握人們在做決定時的「毛病」即可，並提醒自己：「人習慣將自己的詭異想法合理化。」

所謂的**行為經濟學**，就是在探究非理性的人類心理，研究人所做出的決定。也因爲這個原因，行爲經濟學又被稱爲「心理與經濟學」（Psychology and Economics）。

傳統經濟學認爲，人類「深思熟慮，就某種意義而言是自私利己，計算能力卓越，習慣在釐清所有資訊後做出最適當的決定」。當然，人類確實有這樣的一面；但大多數人都是「欠思缺慮，就某種意義而言是自取滅亡，計算能力低劣，習慣在吸收極小部分的資訊後做出充滿偏誤的決定」。

行爲經濟學的著眼點在於「**做出合理性決定的極限**」。

有時候，你以爲自己做出了「不是最好但是較好的選擇」，看在別人眼裡卻是一文不值、糟到不能再糟。但別擔心，這並不代表你特別愚蠢，就行爲經濟學的觀點而言，這樣的決定很可能是「偏誤」所造成的扭曲。

人類就是這樣的生物，這跟是非好壞無關，也不是光靠處罰就能解決的問題。我是如此，正在閱讀本書的各位也是如此。

在這樣的前提之下，設法讓人選擇有效率又具有生產力的選項，就稱爲「助推」（nudge）。「助推」有「輕推」、「誘導」之意，其追求的是每天面對抉擇的態度變化。

■站在合理性的角度，只能看到人類的五〇％

麥當勞的賣點就是「背德感」——相信很多人都無法洞察出這一點。爲什麼呢？

因爲大多商務人士都以爲人只會「從善」，做出對自己有益的選擇。

對人類而言，身體健康是最重要的，「照理來說」，我們會選擇對健康有益的食物。因爲人類是合理性的，「理所當然」不會做出有害身體的選擇。在這些「照理來說」與「理所當然」的想法之下，很少有人能夠做出「背德商品」。

事實上，要說人類是「從善」（比如說追求健康）的生物，也不是沒有道理。但正如我前面所說，人類的心理是很複雜的，除了「善」以外，**還潛伏著追求「惡」的慾望，所以才會貪食對身體有害的美食**。

就某個層面來說，這種說法或許有些扭曲，但其實在做決定的人的眼中，「擇惡」反而是一種「善選」。對原始的人類而言，「尋求安樂」、「借酒消愁」、「憎恨某人」、「嫉妒他人」這些惡向情緒，**都屬於「煩惱」的廣義範疇**。

人的根本煩惱爲**「貪」（慾望）、「瞋」（憤怒）、「痴」（愚笨）、「慢」（懶惰）、「疑」（不信）、「惡見」（偏見）**，這六大根本是煩惱的代表。另有六種悟道修行德目，分別爲「布施」（施予）、「忍辱」（忍耐）、「智慧」（修養）、「精進」（努力）、「持戒」（道德規範）、「禪定」（集中），又稱六波羅蜜。不知道是不是偶然，

「煩惱」和「波羅蜜」是互相對立的，「惡」＝「煩惱」，而消除惡念的「善」＝「波羅蜜」。

佛教認爲必須斷除煩惱、修成波羅蜜，才能達到佛祖的境界。但對我們這些普通的凡人而言，即便眞要將「煩惱」視作「惡」，也無法順利加以否定消除。說得更準確一些，**這些「惡」對人類具有非常大的吸引力和親切感，有時甚至會引發「狂熱」**。

舉例來說，日本的搞笑藝人出川哲朗、蛭子能收、漫畫《烏龍派出所》中的兩津勘吉等人，都讓日本觀衆覺得特別親近，甚至稱他們是「可愛的廢物」；日本單口相聲中的人物──阿八、與太郎也屬於這種角色。而站在根本煩惱的角度來看，這些人的言行都屬於「惡」中的「痴」與「慢」。

除了令人倍感親切的「惡」，也有能夠牽動情緒的「惡」。電影《賭博默示錄》中有一幕是這樣的：藤原龍也所飾演的開司做完工，在地下收容所中喝下冰涼的啤酒後喊道：**「太罪惡啦！」**

「好喝」是件「好事」，「好事」屬於「善」，照理來說，開司應該要喊**「太**

美好啦！」才對。他爲什麼沒有這麼說呢？因爲用「太美好」無法傳達出冰啤酒的美味。相較於「美好」（天使），「罪惡」（惡魔）代表了鄙俗、慾望、墮落；開司的這句話，恰恰證明了「惡」在我們潛意識中的強烈吸引力。這正是「貪」。

「煩惱」能夠強烈動搖你我的內心，波羅蜜則是消除這些動搖的修行。換個角度來說，煩惱愈多愈能強力撼動人心。由此可見，**要讓人們趨於瘋狂，與其用「善」，更應將重點放在「惡」與「煩惱」的操作**。

在我看來，人生存於世，就是不斷在「屈服於煩惱」與「修行抗煩惱」這兩種心態間掙扎懊惱、搖擺不定。

若你沒有釐清這項本質，而是一味嫉惡如仇，認爲善定勝惡，從這種好傻好天眞的框架來觀察世界，那麼，無論你學習再多資訊處理理論，也無法挖掘出潛藏於數據中的謊言，當然也不可能洞察出「背德感是商品大賣的關鍵」這個眞相。

■熱銷商品的惡魔面

在這裡要提醒大家，上面所說的「惡」，並非鼓勵大家從事違法行爲。

我指的「惡」是人的黑暗面，也就是佛教所定義的「煩惱」；像是「渴望獲得他人認可的慾望」、對他人感到不滿的「憤怒」與「煩躁」、覺得自己比他人優越的「傲慢」態度、愚蠢的「執著」等。

佛教的目標在於消除「煩惱」，追求內心的平靜。「煩惱」不僅爲數衆多，範圍也廣，要消除「煩惱」其實是件非常困難的工作。

換個角度來說，**世界上沒有百分之百的善人、善事、善物**。

身爲行銷人員，唯有接受人類身上的「惡」，才能拓展生意規模，開發出與衆不同的產品。

觀察那些優秀的行銷人員你會發現，他們總是能精準地抓住大衆的煩惱。二〇〇三年在日本播出的「Attento 成人紙尿布」廣告，就是一個很好的例子。廣告的一開始，一個照顧臥床老父的女兒，回憶起小時候父親來參加自己的運動會的情景。

運動會上，父親聲嘶力竭對女兒喊著「加油」。場面回到現在，臥床的父親卻對著女兒呢喃道：「照顧我，不用加油也沒關係。」

女兒聽到這句話後說：「父親的這句話讓我發現，自己原來一直在逞強。」女兒放下手邊的工作後，畫面便出現這麼一句話：「照護老人家的日子，不用再加油。」

如果你曾照顧過老人家，看到這支廣告一定特別有感覺。兒女在照顧年邁的父母時，心中除了「我一定要努力加油，報答父母從小到大的養育之恩」這種「善念」，肯定也會萌生所謂的「惡心」，像是「我到底要照顧他們到什麼時候……」，覺得父母剝奪了自己的人生（這種心態屬於六大煩惱根本的「慢」）。

照理來說，這種「惡心」是不該有的。

然而，一味抱持「善念」、壓抑「惡心」，會發生什麼事呢？放眼現狀你會發現，很多子女在長久的照護壓力下，某一天突然壓抑不住心中對父母的恨意，因而失去理智、情緒爆發，嚴重者甚至演變成慘絕人寰的弒親事件。

爲避免事情一發不可收拾，我們應適當減少自己的負擔，承認心中的「惡」。就結果而言，這才是眞正爲父母好的做法。

努力是好事沒錯，但如果因爲太過逞強而未能達成目的，不就沒有意義了嗎？因此，**同時認同「善」與「惡」的情緒，是非常重要的**。

「Attento 成人紙尿布」的這個廣告，一方面訴諸子女照顧父母的「善心」，一方面又借用老父親之口傳達出「照護不用加油」這個訊息，爲整支廣告撒上了極少量的「惡魔香料」。

這絕佳的善惡平衡，不但讓「Attento 成人紙尿布」成了人氣熱銷商品，還讓這支廣告成了經典名作，直到十五年後的今天，依然爲人津津樂道。

這個例子只不過是冰山一角。分析現今市場上的熱銷商品、常態商品你會發現，它們基本上都存有人類「惡」的一面。

我是一名數據科學家，專門從事行銷方面的工作。最近常有業主來找我諮詢，問我能否運用ＡＩ（人工智慧）分析出下一個熱銷商品。

遇到這個問題，我的回答一律如下——

「如果你要預測熱銷產品，與其分析大量數據，倒不如將重點放在人心惡的一面，命中率會相對高出很多。那些能夠抓住眾人煩惱的商品，幾乎都能大賣。」

社會上的「熱銷」與「風潮」究竟是如何產生的呢？本書要將重點放在「貪」（慾望）、「瞋」（憤怒）、「痴」（愚笨）、「慢」（懶惰）、「疑」（不信）、「惡見」（偏見）這六大根本煩惱，爲大家徹底分析這個問題。

除了數據科學，我還會運用「認知心理學」、「行爲經濟學」等觀點，帶各位挖掘潛藏在事實中的「偏誤」。

學會「洞察」的技巧可說是格外有益，不只可運用在商場上，還能用於人生中的各種場面。

洞察力包括了各種學問、常識，以及人生經驗，單靠本書的篇幅，是無法說明所有項目的。但是，只要學會本書所教授的「工具」和「框架」，必能大大改變各位對人類的看法，以及對「善」、「惡」的界定方式。

第1章

人都是「貪婪」的

童話

開花爺爺

在一座山中，住著一對善心老夫婦，以及一對壞心老夫婦。

善心老夫婦養了一隻小狗。有一天，小狗突然挖起田裡的土並不斷吠叫，示意老夫婦把土挖開。老夫婦照做後，竟挖出了一大堆金幣，這讓他們欣喜若狂，將金幣分給附近的鄰居。

壞心老夫婦見狀非常嫉妒，便強行帶走了善心老夫婦的小狗，強迫牠尋找財寶。

然而，小狗給壞心老夫婦指示的都不是藏寶處。他們挖出了破銅爛鐵，甚至還有妖怪，一怒之下便殺死了小狗。

善心老夫婦將那隻小狗視如己出，聽到死訊後非常悲痛。

他們領回小狗的屍體後，將小狗埋在院子裡，並在墳前種了一棵小樹。

那棵小樹一下子就長成了大樹。一天，死去的小狗出現在老夫婦的夢中，囑咐他們砍掉大樹製成臼。

老夫婦按照小狗的指示，將砍下的木頭做成了臼。只要用該臼搗製麻糬，金銀財寶就會不斷從臼中湧現。

壞心老夫婦死性不改，將臼搶了過來如法炮製一番。然而，他們搗麻糬時，出現的不是金銀財寶，而是一堆垃圾。這讓他們非常生氣，把臼打壞後燒成灰燼。

善心老夫婦要回了灰燼，灑在菜園中。這時一陣風吹了過來，將灰燼吹到一旁的枯木上。神奇的事發生了，枯木竟開出了櫻花。

善心老夫婦見狀非常高興，將灰燼灑在其他枯木上，果真出現整片滿開的櫻花。當地主公聽聞此事，特地過來賞櫻，對善心老夫婦稱讚有加，還賜給他們許多恩賞。

之後，壞心老夫婦也有樣學樣在樹上灑灰燼，結果非但沒有開花，還因為將灰燼灑進主公的眼中而受到懲罰。

《開花爺爺》是個勸善懲惡的童話故事。

各位讀完後，是不是也替善心老夫婦感到高興，並咒罵壞心老夫婦一番呢？這個故事如果發生在現代，肯定會在社群網站上引發輿論的憤怒。

殺死小狗、燒毀別人的臼，這些行為確實非常差勁，沒有同情的餘地。

但如果撇除壞心老夫婦的犯罪行為，換個角度來想，他們其實是**「懂得學習他人成功經驗並學以致用」**的人。這種人在現代社會可是備受稱讚的。

為什麼會出現這種價值上的轉換呢？

這跟你如何評價「貪婪」有關。渴望獲得金銀財寶、想要得到主公的認可，確實是一種「貪婪」。

但「貪婪」真的是罪無可赦嗎？

惡魔的低語：「我還要更多！」

■「吃到飽」為什麼這麼夯？

「吃到飽」是一種成立在「貪婪」上的飲食制度，客人要吃什麼就吃什麼，要拿多少就拿多少，要吃幾次就吃幾次。

「吃到飽」在日本其實沒多久歷史。日本第一間吃到飽餐廳，是一九五八年八月新開幕的帝國飯店第二新館餐廳「Imperial Viking」。

當時帝國飯店的犬丸董事長在幫新館尋找招牌餐廳時，在丹麥吃到了「Smörgåsbord」，也就是北歐式自助餐。他大爲感動之餘，決定將這種餐飲模式引進日本。但因爲日本人對「Smörgåsbord」這個詞並不熟悉，他便要求員工幫這種自助餐取一個能夠大紅大紫的名字，最後採用了「Viking」這個字。

爲什麼是 Viking 呢？因爲 Viking 是「維京人」的意思。說到北歐就想到維京人，再加上當時有部院線片正好叫《Viking》，員工對裡頭大快朵頤的畫面特別有印象，所以就用Viking來表示吃到飽的自助餐。

當時大學應屆畢業生的起薪爲一萬二千八百圓，Imperial Viking的午餐價格爲一千二百圓，晚餐要價一千六百圓，走的是高級路線。雖然要價不菲，開幕後卻是熱火朝天，立刻在全國各地掀起一波「吃到飽」風潮。

這就是日本「吃到飽自助餐」的由來。

飯店、甜點類的吃到飽，大多採取帝國飯店這種自助形式，但其實，吃到飽還有其他許多種類。

有些餐廳是採「點餐式」的吃到飽，不是自己取用，而是跟店家無限點餐；像是燒烤店「燒肉King」、橫濱中華街「皇朝」等中華料理店，就是採取這種方式。最近日本就連肯德基這種連鎖店，也在部分分店推出了點餐式吃到飽。

爲什麼「吃到飽」的人氣至今未減呢？最大的原因是，「吃喜歡的食物吃到飽足爲止」這個行爲，能讓人類獲得滿足。

馬斯洛的「需求層次理論」

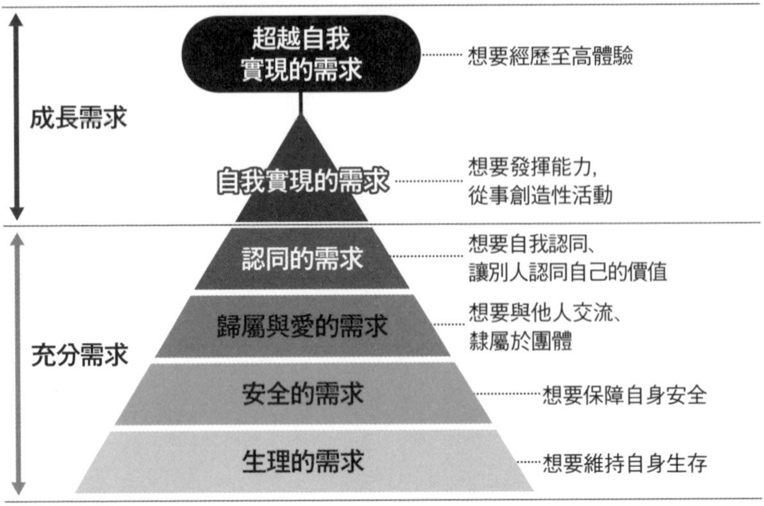

美國心理學家亞伯拉罕・馬斯洛(Abraham Maslow)曾以「人類以自我實現爲目標不斷成長」爲假設，將人類的需求分爲五個層次。

這個理論的最下層爲「生理的需求」(Physiological Needs)，而食慾就屬於「生理的需求」。就馬斯洛的理論來看，「**食慾是人類最低階的需求**」。這句話並沒有不好的意思，而是在說人類必須先滿足最基礎的「食慾」需求，才能進一步追求高階需求，完成自我實現。

順帶一提，我經常以「犒賞自己」的名義，到帝國飯店享用吃到飽自助餐。在優雅的氣氛下吃自己喜歡的食物，而且想拿幾次就拿幾次，眞的是件很幸福的事。掃視一圈你會發現，其他桌的客人也都一臉幸福，我從沒看過任何人在飯店的吃到飽餐廳擺一張臭臉。

爲什麼吃到飽能讓人那麼開心呢？我想這是受到心理效應——「**心情一致性**」的影響。吃好吃的食物、食慾獲得滿足，自然就會笑容滿面。

1

【心情一致性】Mood congruency effect

人習慣去注意跟自己當下情緒、心情相符的資訊，又或是想起相關的記憶。心情愉悅時就會想起好事，心情惡劣時就會想起壞事。

◎ **具體範例**

新冠疫情二級警戒期間，如果你心浮氣躁地走在路上，看到外地來的車牌就會莫名感到一把火，在心裡大罵：「都什麼時候了！還出來亂跑，不乖乖待在家！」相對地，當你心情好時，看到店家不畏疫情努力做生意，就會興致高昂地幫老闆捧場、多買幾樣東西。這在心靈世界又稱作「吸引力法則」。

不過呢，我的故鄉大阪對「吃到飽」的心態跟其他地方不太一樣。

大阪新阪急飯店裡，有一間關西規模最大的自助式吃到飽餐廳「Olympia」。這間店每天開店前入口總是大排長龍，而且每個人都散發出「上戰場前」的氣息。

那裡的客人幾乎都抱著「吃回本」的心態，常能看到隊伍中的媽媽擔任總司令，叫爸爸等等去拿烤牛肉，叫兒子去拿壽司，叫女兒去拿肥肝。我沒有開玩笑，這些都是真人真事。

店門一開，服務生帶位完畢，他們就會像看到獵物的惡魔一般，瞬間飛奔到各自的「目標」前，然後狂吃到最後一刻。這在大阪是家常便飯，老實說，我覺得有點恐怖。

「回本」只是一場誤會

去一般餐廳吃飯時，你根本不會想到回本的事，因爲每份餐點都是固定內容跟份量，想要回本也不知從何吃起。應該沒有人會想爲了回本而多喝幾杯水、多吃幾片紅薑吧。

但是，一旦來到高級壽司或燒肉吃到飽的餐廳，「回本」便成了一種任務。這種成本看起來比較高的吃到飽餐廳，似乎具有某種魔力，能把食客變成貪婪的惡魔。

爲什麼會這樣呢？**因為大家都認為「狂吃才能回本，不吃就會虧損」**。

這不是因爲關西人愛計較，而是因爲人類的本能就是「不想吃虧」。**這叫做「規避損失」、「沉沒成本謬誤」**。

2

【規避損失】Loss aversion

人是不願吃虧的生物，比起獲得利益，更好於規避損失。這也是構成行為經濟學「展望理論」的一大要素。

◎具體範例

（A）一定能拿到一萬圓。

（B）有五〇%機率能拿到二萬圓，有五〇%機率拿不到錢。

面對這兩個選項，大部分的人都會選（A），但也有少數人願意承擔風險選（B）。

（C）一定會損失一萬圓。

（D）有五〇%機率會損失二萬圓，有五〇%機率損失零圓。

如果主題換成「損失」，大部分的人都會選（D）。但其實，（B）是平均可獲得一萬圓，（D）是平均會失去一萬圓，但獲得一萬圓的喜悅跟失去一萬圓的傷痛，在意義上是不同的，所以大家寧可賭賭看「不損失的可能性」。

同樣道理也可用在「股票停損」上，很多人在股價下跌時不肯賣出，寧可相信之後會回漲，因而造成更大的損失。

3

【沉沒成本謬誤】Sunk cost fallacy

「沉沒成本」是指即便退出或停止也無法拿回的投資成本（金錢、時間、勞力）。

沉默成本謬誤是指，因為害怕成本有去無回，所以用非理性的判斷去正當化自己的行為。

◎具體範例

去電影院看電影，看了十分鐘就覺得無聊，卻因為花了一千九百圓買電影票、又花了十分鐘看，若現在走人就白白損失了這些錢跟時間，所以硬著頭皮把剩下的一百一十分鐘看完。在這個案例中，一千九百圓和十分鐘是有去無回的「沉沒成本」，照理來說，應排除這兩項沉默成本來進行判斷，像是評估「之後劇情變精彩的可能性」、「放棄不看後，這一百一十分鐘能產生的價值」，但大多數人還是會以沉沒成本為基準做出決定。

對那些想要回本的人而言，他們吃要價五千圓的飯店吃到飽自助餐，就會面臨兩個選擇：

（A）吃不滿五千圓的食物（損失）

（B）吃滿五千圓回本（無損失）

看到這裡，你應該能理解他們卯起來吃的原因了吧。

但仔細想想，只要一進入餐廳，客人就必須支付五千圓，這五千圓就是無法回收的「沉沒成本」。無論你吃多吃少，都完全不影響金錢的得失。

■「八分飽」為何激不起狂熱？

很多人來到吃到飽餐廳，就會聽到惡魔的低語：「要吃回本喔！」導致他們只拿烤牛肉等高價料理，某些行爲令旁人看了都尷尬。

在學會前面的「規避損失」和「沉沒成本謬誤」後，相信各位已經知道「吃回本是沒有意義的」。之後你去吃自助式餐廳，可能會冷眼看待那些一心只想吃回本的人：「來這種餐廳就是要每道菜都拿一點，享用各種料理，只吃一種料理不膩嗎？」

順帶一提，一直吃某種食物吃到膩的現象叫做**「特定感覺的飽足感」(Sensory-specific satiety)**。

當我們一直吃同一種食物時，大腦就會發送「吃膩了」的訊號，讓身體出現飽足感。相對地，新的食物能重新刺激食慾，讓人感到飢餓。不是常有人說「甜點是另一個胃」嗎？這其實就是「特定感覺的飽足感」在作祟。事實上，「吃不下」只是因爲「大腦裝不下」，受到不同食物的刺激就會突然又吃得下，彷彿兩種食物裝在不同的胃，所以才會有此說法。

也因爲這個原因，有些去吃到飽餐廳被惡魔「回本」低語操控的人，都會受到「特定感覺的飽足感」的刺激而狂吃，吃到撐、吃到爆，最後吃出腸胃炎。

「本該是美好的一餐，卻為了回本而受罪，何苦來哉。」是有道理的。

話說回來，難得來到吃到飽餐廳，有人會控制自己只吃八分飽嗎？老實說，我本身是一個「吃到爽」的人，如果有人說出八分飽這種「模範生」發言，我可能會對他有些反感。

人類不能只看「好」的一面。忠於自己的慾望，心才能找到出口。

在工作上遇到不順心的事，有些人會靠暴飲暴食來消除壓力。

還記得前面說的「心情一致性」嗎？吃到飽餐廳裡洋溢著幸福感，吃飽能讓人感到愉悅，進而消除壓力。

也就是說，對人類而言，「吃」具有多種效用。如果你只從「維持生命」、「建構健康文化生活」等觀點來分析「吃」，就會漏看另外五〇%「惡」的部分。

二〇二〇年六月的今天，吃到飽餐廳大多都因爲新冠疫情而暫停營業，等這些餐廳開門，我一定要去狂吃一頓，把這些餐廳「吃垮」。

讓吉野家起死回生的「惡魔菜單」

之前 choitas_info 在推特上推文：「人『平均』四百公克就能吃飽。」引起了一番討論。

「Ikinari Steak」的招牌菜「豪爽CAB嫩煎牛排」爲三百公克，「COCO壹番屋」的中碗白飯也是三百公克，各加上白飯、咖哩、配料，一餐約爲三百五十至四百公克。

順帶一提，吉野家的中碗約在三百五十公克上下，幾乎是相同的量。

由此可見，外食產業幾乎都是計算過的，一份剛好是人類最能吃飽的量。

Moripi @酒渣時尚狂
@choitas_info

【實用小知識】

教大家一個餐廳商品開發理論：「人平均四百公克就能吃飽。」

在準備火鍋、烤肉的食材時，應以一個人四百公克計算。
（可另加碳水化合物調整份量）

憑直覺準備多人活動的食材，等於是在自討苦吃喔！

上午 9:04，2020 年 1 月 5 日，Twitter for iPhone

但其實，這個份量有些太過節制了，吃飯的精華就在於**大碗、免費續碗這種「惡魔式喜悅」**。仔細觀察你會發現，市面上很多菜單都是以此設計的。

比方說，二〇一九年三月，日本吉野家推出肉量是大碗兩倍的「超大碗」，以及只有中碗四分之三大小的「小碗」。

「超大碗」推出後大受歡迎，從開始銷售的三月七日到四月六日，僅僅一個月的時間，就賣出了一百零二萬一千八百六十八碗，銷售量超過預想的二倍。

中碗的熱量爲六五二大卡，售價爲三百五十二圓（不含稅）；超大碗的熱量爲一一六九大卡，售價爲七百二十二圓（不含稅）。換算下來，中碗一大卡爲○．五四圓，超大碗爲○．六二圓，吃中碗其實比較划算。

看到這裡，一定有人心想：**「如果真想吃飽，應該要點兩份中碗吧？」**有些Youtube影片和網站實際測量了中碗和超大碗的飯與肉量，發現點兩份中碗眞的CP值較高。

但是，實際上有多少人會在吉野家點兩份中碗呢？很遺憾，至少我從來沒看過。原因很簡單，因爲**「不好意思」**。一個吃兩份中碗的人跟一個吃特大碗的人，前者給人的感覺比較貪吃。既然中碗跟特大碗每大卡只差○．○八圓，很多人寧可「花錢了事」，直接點特大碗。

明明點兩份中碗比較划算，爲什麼大家寧可點特大碗呢？這也是「惡魔」蠱惑人心的結果。

熱銷商品是因「不滿」而生

■為什麼近年少有商品大賣？

日本新時代「令和」已拉開序幕。

ＡＩ、機器人等新技術好不容易進入實用階段，大家對未來充滿了希望，原本以爲景氣將漸入佳境，沒想到一場突如其來的新冠疫情，把全世界搞得暈頭轉向。

不過，早在疫情出現之前，各大企業的商品開發部門就已進入「寒冬時代」。爲什麼呢？因爲現在所有領域的產品都已到達「無微不至」的境界，很難再開發能夠進一步滿足消費者需求的新商品。

如果舊商品的品質很差、不耐用，廠商還有開發方向可尋。但現在市面上的商品都具有一定品質，種類也很豐富，功能細膩不說，既好用又耐用，導致廠商無縫可插針。

換個角度來說，**廠商因為找不到「看似不滿的不滿」，所以不知從何開發產品服務**。

「提升營收」一直是企業的首要之務，他們必須不斷更新舊產品，開創新客層，又或是開發新的產品服務，**增加客戶的購買次數和購買頻率，從中賺取營收**。**就算消費者已經感到滿足，企業還是得設法推出新的產品與服務**。許多廠商都爲這樣的矛盾而大喊吃不消。

但是，消費者眞的完全滿足了嗎？沒有任何不滿了嗎？沒有其他想要的東西了嗎？

那爲什麼還是有企業能推出受到消費者青睞的熱銷產品、開創新市場呢？

日本三得利於二〇一七年四月推出的「Craft Boss」系列就是很好的例子。該產品開賣九個月就賣出了一千萬箱（二億四千萬瓶），於日本**開創了「寶特瓶咖啡」的新市場**。

三得利看中資訊科技產業的辦公族客群，設想他們習慣一邊工作一邊啜飲咖啡，一次喝一小口，一瓶咖啡喝很久，所以特地推出這種前所未有的清爽口味咖啡。

三得利非常擅於開拓新市場，他們用「-196℃ Strong Zero」這款酒品，開啓了高酒精濃度的飲料市場。這款產品雖然酒精濃度高，但喝起來非常順口（剛開賣時酒精濃度爲八%，並於二〇一四年十二月提升爲九%），而且一罐才一百四十一圓，價格相當便宜，花少少的錢就能買醉，被日本網友稱爲「酒中福利品」。

其實 Strong Zero 推出後，引來了一波批評聲浪，說這種高度數酒精飲料容易造成危險，但它還是**靠著「解放平時自我，偶爾失魂墮落」的特質，在市場上擁有高人氣**。

文具雜貨類的「紙膠帶」也是一個例子。二〇〇六年，三名女性到專門生產工業用品的 Kamoi 加工紙工廠參觀，她們建議工廠人員可將紙膠帶做成可愛的文具，因而促成開發契機。

紙膠帶原爲工業用品，用於塗裝工程或拍攝場地，作爲現場防汙使用。一開始公司也很疑惑，像這種工用品項，一般民衆眞的肯買單嗎？

幾經失敗後，他們在二〇〇七年推出紙膠帶品牌「mt」，生產各種圖案、比一般膠帶小巧的紙膠帶，既實用又時尚，因而受到廣大女性朋友的喜愛。現在女生幾乎人手一卷可愛紙膠帶，這跟「寶特瓶咖啡」一樣，都是開創新市場的成功案例。

日本網友將這種「迷上人氣商品而無法自拔」的情形稱為「泥沼」、「陷沼」。很多人雖然平常不會特別用到紙膠帶，卻還是瘋狂收集各種圖案，有如陷入無底泥沼一般。

常聽人說「消費者已獲得滿足」、「市場已沒有需求」；但其實，就我分析消費者的經驗來看，只要仔細洞察，還是能從中**發現消費者的困擾、覺得哪裡不夠好、不喜歡什麼地方、哪裡覺得空虛，進而轉化為新的需求**。

唯有找出這些需求的企業，才能推出人氣商品，搶先將消費者推入泥沼。

問題來了，要如何發現需求、開發出「暢銷商品」呢？

關鍵在於你**是否能發現人類的「惡性」之一——「不滿」**。

人在判斷事物時，會在心中設置一種名為**「錨點」**的基準。用「錨點」來比較「好壞」與「高低」。壞與低（負面）會引發「不滿」，當負面的幅度愈大，心中的不滿就愈多。

「食慾」、「睡眠慾」、「性慾」（排洩慾）屬於絕對需求；當絕對需求未獲滿足，人就會產生不滿的情緒。除此之外，**大部分的「不滿」都出自「錨點」的比較。**

不滿來自與他人的較量，像是境遇、才能、擁有的物品……等。相反地，「別人的失敗就是我的快樂」，看到別人不幸，就能感受到相對的幸福。

平時總是忿忿不平的人，並非心中懷抱過度的「惡」，而是他們將「錨點」設定得太大。相反地，那些毫無不滿的人也並非就是「善」，而是心中的「錨點」太小，又或是根本沒有錨點。

這種因被「錨點」影響判斷的現象稱爲：「**錨定效應**」。

4

【錨定效應】Anchoring

因過度偏重「先取得的資訊」（錨點）而影響判斷的現象。隨著基準不同，人做出的決定和情緒也會大幅改變。

◎**具體範例**

一九七四年，阿摩斯・特沃斯基（Amos Tversky）和丹尼爾・康納曼（Daniel Kahneman）做了一套實驗，他們請一群人猜測聯合國裡的非洲國家比例有多少，並在問問題前讓他們轉輪盤，把輪盤設計為只會停在一〇跟六五。實驗結果顯示，轉到一〇的人回答的中位數為二五％，轉到六五的人回答的中位數為四五％。大多數的人都受到錨點的限制，若沒有設置輪盤、讓同批人馬瞎猜，回答的比例應該會更接近。

假設一家公司開發出一款手機遊戲，在不設定錨點的情況下問玩家：「你對這款遊戲有什麼不滿意的地方嗎？」得到的應該都是「好像有點玩膩了」這種不痛不癢的答案。但如果換個方式問：「你的個性比較好勝，對這款遊戲有什麼不滿意的地方嗎？」對方就會將「個性好勝」設爲「錨點」，做出「我不喜歡輸的感覺，卻輸給那些花大錢買裝備的玩家，眞的很不甘心！」這種回答，發現以前沒注意到的不滿之處。

消費者說出「很足夠」、「沒有不滿」這種話，不代表他們眞的百分之百滿意了，**或許他們只是沒有設定產生不滿的關鍵——「錨點」**。

■洞察「不滿」才能狂銷熱賣！

「不滿」之所以爲「惡」，是因爲人的慾望永無止盡，缺東就覺得少西，一點小不滿就能引發無限大慾望。

然而對企業而言，「不滿」卻是商品與服務的開發泉源。阿里巴巴創辦人馬雲有句名言：**「機會就在被抱怨的地方。」**消費者願意「花錢消怨」，如果世人不再抱怨、對什麼都極爲滿意，那些創投企業家可就要傷透腦筋了。

以前是靠「操作」（operation）賺錢的時代，第二次世界大戰結束後，企業開發出的商品大多都是用來解決消費者的不滿。日文將「推銷員」稱爲「聽要求的人」（御用聞き），只要你的產品服務能幫助消費者解決問題，對方就一定會買單。

現在則已進入靠「創新」（innovation）賺錢的時代，消費者的問題大多都已獲得解決，消費者本身也相當滿足於現狀。在這樣的背景下，企業必須找出別人看不出的「不滿」，才有利可圖。

三得利「天然水」的起死回生，就是「找出潛藏不滿」的經典例子。

「天然水」自一九九一年開賣後，銷售額便節節攀升。然而，隨著富維克（Volvic）、Crystal Geyser 等國外品牌打入日本的小容量礦泉水市場，二〇〇九年日本可口可樂又推出「ILOHAS，（い・ろ・は・す）」搶攻市占率，導致「天然水」降爲「老二品牌」。

對此，三得利「天然水」團隊立刻訂出一套奪冠戰略，打算搶回龍頭寶座，而其中一個策略就是重新設計包裝。

他們從問卷調查中找出消費者的「不滿」，許多消費者表示：**「三得利從事很多環保活動，但完全沒反應在包裝上。」**、**「感覺不是年輕人會喜歡的品牌。」**爲此，三得利於二〇一三年五月，將標籤換成棲息在「天然水森林」的動物插畫。

沒想到換掉標籤後，該產品於便利商店的市占率從四七％跌至三八％，一口氣

第一次推出的「天然水」新包裝

下滑一〇%。面對這意料之外的結果，三得利內部一片譁然。

他們不是消除消費者的「不滿」了嗎？爲什麼消費者不買單呢？團隊立刻翻出過去對「天然水」鐵粉進行的問卷調查，希望能從中找出端倪。

他們發現了一個令人驚訝的事實。

針對「你對『天然水』有什麼印象？」這個問題，**回答大多都跟「水」沒有直接關係**。像是「非常清涼」、「透心涼很舒服」、「很清爽，讓人忍不住深呼吸」……等。

對此，團隊訂立了一個假設，「天然水」雖然只是水，卻提供給消費者水以外的價值。

而這個價值主要來自舊包裝上畫的山景。該

第二次推出的「天然水」新包裝

山景讓消費者感受到一股「冷冽清新的空氣」。

消費者之所以對新包裝不買帳，是因爲他們不滿「天然水」無法提供「冷冽清新的空氣感」。

團隊認知到自己的錯誤，於二〇一三年七月再度推出新包裝。

看來他們的假設是對的。推出新包裝後，銷售額不斷成長。團隊將「天然水」品牌所提供的價值，從單純的「水」擴大至「南阿爾卑斯山冷冽清新的空氣」、「身體感受到的透心涼」，並進一步推出水果水、氣泡水，成功於二〇一八年拿下日本國內飲料市場年銷售冠軍。

這何嘗不是因禍得福呢？

三得利團隊**發揮高度洞察力，適時調整「錨**

點」，才成功找出消費者潛藏的不滿。

想要找出不滿，一般是將「競爭對手產品」的功能、品質、價格等設爲錨點，跟自家產品進行比較。

但如果「天然水」團隊只是這麼做，就無法發現消費者眞正追求的「價值」了。

■能刺激「情緒」的商品才能大賣

三得利「天然水」的例子告訴我們一件很重要的事，那就是「功能」不一定是產品熱銷的主因。

飲料廠商大多認為，礦泉水的熱銷主要來自其「功能所產生的價值」，也就是「解渴潤喉」。但「天然水」的案例顯示，消費者也會為了「功能以外的價值」（冷冽清新的空氣感）而掏腰包。

前面介紹的吃到飽餐廳也是一樣，餐廳不只提供「吃喜歡的東西吃到飽」這個「功能所產生的價值」，也提供「幸福感」這種「功能以外的價值」。

像「解渴潤喉」、「吃飽」這種「功能所產生的效用、價值」稱為「功能價值」。而「冷冽清新的水與空氣感」、「能無限吃喜歡食物的幸福感」這種「功能以外的價值」，也就是從「感官」獲得的感覺、氣氛、情緒，則稱為「情緒價值」。

絕大部分的商品都同時具備「功能價值」與「情緒價值」。有時候，即便「功能價值」較不出色，只要向消費者大力強調「情緒價值」，也能大幅提升銷量。「蠟燭」就是一個有名的例子。

在電跟瓦斯出現前，蠟燭爲民衆提供「照亮空間」的功能，形成巨大產業。隨著瓦斯燈和燈泡的登場，蠟燭的功能價值便遜色下來，地位也不如從前，因而損失了大半市場。民衆只有在宗教儀式，又或是發生災害、無法使用瓦斯燈和電燈時，才會退一步使用蠟燭。

然而，進入九〇年代後，歐美的蠟燭市場卻突然擴大。歐洲蠟燭製造商協會（The European Candle Manufacturers Association）的紀錄顯示，二〇一六年的蠟燭年銷量爲七十萬噸，成爲當年成長規模最大的產業之一。

爲什麼蠟燭會突然狂銷呢？因爲它具有**「療癒心靈」、「讓房間成為舒適放鬆**

的空間」、「享受獨特的氛圍」……等「情緒價值」。根據美國蠟燭協會（National Candle Association）的調查，十個蠟燭使用者中，有九個人都是爲了「讓房間成爲舒適放鬆的空間」才使用蠟燭。

企業在開發商品時，很容易將重點放在「功能價值」。很多產品都是將錨點放在「功能價值」上，像是「洗碗精」的錨點就是「去油汙」這個「功能價值」，各廠牌都是基於這個基準去競爭。

然而，因爲每個廠牌的洗碗精的「功能價值」都差不多，在大同小異的情況下，消費者根本不知道該選擇哪個產品。**正是因為「功能價值」已達到極限，企業的商品開發部門才會一個頭兩個大**。

相信之後的商品開發競爭，應該會像三得利的「天然水」一樣，轉爲以「情緒價值」爲主要錨點。雖然目前全球還沒有太多成功案例，但至少蘋果、戴森等企業都是創造「情緒價值」的高手。如果你尚未應用錨定效應，現在開始也不遲喔。

「不滿」是無限擴張人類慾望的「惡魔」，也是促進企業進步的天使。只要運用得當，未來肯定有許多大型行銷機會在等著你。

「認同需求」這個惡魔令人瘋狂

■「高意識系」受人矚目的原因

「高意識系」（意識高い系）是二〇一〇年代開始被普遍使用的日文新詞。

這個詞彙首次出現是在二〇〇〇年代初期，當時將「能力超群，年紀輕輕就學富五車的優秀學生」稱爲「高意識學生」，許多就職活動還以「高意識學生」爲標語舉辦研討會。

之後這個詞彙流傳到mixi、推特、Facebook等社群網站上，年輕人開始謠傳「高意識學生」找工作無往不利，許多學生開始模仿「高意識學生」的行爲。

大概是因爲這個原因，這個詞於二〇〇八年出現貶義，大家開始用「高意識學生」來嘲笑那些「純高調」的言行。

原本「高意識系」僅用來形容大學生，但隨著這批大學生出社會、成爲上班族或家庭主婦後，形容對象也隨之擴大。到了二〇一〇年代，人們開始將這群人總稱爲「高意識系」。

「高意識系」的人主要有以下特徵——

1：過度表現自我，但「沒有內涵」。

2：熱衷於舉辦讀書會、拓寬人脈，但「成效不彰」。

3：瞎忙空轉，卻「剛愎自用」。

不過，至今我從未遇過自稱是「高意識系」的人。這大概是因爲，**「高意識系」並非自我評價，而是他人的看法**。觀察上面三個特徵你會發現，這些特徵都很主觀，並非他人能夠置喙的內容，要評論某人是「高意識系」實在有些牽強。

二〇一二年常見陽平出版了《名爲「高意識系」的疾病》（「意識高い系」という病，Best新書出版），二〇一七年古谷經衡也出版了《「高意識系」研究》（「意識高い系」の研究，文春新書出版），兩人各自在書中定義了「高意識系」，但那只是他們的想法，並無客觀統一的標準。

在我看來，很多人只是**將「自己看不爽的人」貼上「高意識系」的標籤**。這些被稱為「高意識系」的人或許有做不好的地方，但在沒有明確定義的情況下，就把別人貼上「高意識系」標籤，這跟**「中世紀歐洲的獵巫行動」**有什麼兩樣呢？

■「高意識系」都愛用 NewsPick？

只要在星巴克咖啡長時間用 MacBook Air 工作，又或是參加名人開設的線上沙龍（月費制線上社群），就會被網友譏稱是高意識系。

這種論調可以吐槽的點實在太多了，所以在羅多倫咖啡或 Noir 咖啡長時間工作就可以嗎？藝人粉絲俱樂部跟線上沙龍又差在哪裡？這些一天到晚說別人是「高意識系」的人，講話之前有經過深思熟慮嗎？還是只是想要嗆一下別人而已？

舉個典型的例子，「NewsPicks」就經常成為這些人「嗆」的對象。

「NewsPicks」是一個經濟媒體網站。該網站的標語是「讓經濟更有趣」，除了自家報導，還會從國內外超過九十個網站中選出經濟新聞。基本上是免費使用，也可以付費訂閱、閱讀更多文章。

「NewsPicks」最大的特色在於，網站邀請各行各業的名人擔任「Pro Picker」，爲讀者選出「精選新聞」，並對新聞做出評論。這些「Pro Picker」的評論大多都鞭辟入裡，我經常看得點頭稱是，吸收各方觀點。

每個月多付五千圓卽可成爲學術會員，享受各種優惠服務。會員除了可閱讀額外的文章，還能參加 Pro Picker 的課程活動，每個月收到由幻冬舍和「NewsPicks」共同發行的會刊《NewsPicks Books》。

不過，除了 Pro Picker，其他用戶也可以匿名評論文章，有些「自以爲是」的評論眞的是看得我一肚子火，不禁心想：「這些人就是世人眼中的高意識系吧。」都是因爲這些人，「NewsPicks」才會遭人嘲笑，被貼上「會員都是高意識系」的標籤。

就「NewsPicks」的規模來看，不可能只有高意識系在使用。

該網站的母公司「Uzabase」所公布的股東資料顯示：二〇一九年第四季的付費會員約有十五萬人（免費會員爲付費會員的幾十倍，約四百萬人），每月經常性會費收入（MRR）為一．七億圓。也就是說，「NewsPicks」光是一年的會員收入就有二十億圓。

不僅如此，「NewsPicks」的廣告收入還在二〇一九年第四季創下過去最高紀錄，二〇一九年做出四一．九億圓的亮眼成績。在新冠疫情的蕭條下，仍於二〇二〇年突破五十億大關。事實上，該網站擁有十五萬名付費會員，這些人絕大部分都是「一般人」，而非世人所想的「高意識系」。

好了！問題來了！為什麼「NewsPicks」的使用者會被貼上「多為高意識系」的標籤呢？

因為，**真正多的不是「高意識系」，而是那些喜歡將 Picker 貼上「高意識系」標籤的人**。換句話說，這些「高意識系」其實具有某些容易被貼上標籤的共通點。

關鍵就潛藏於「團體」之中。

「高意識系」有個特徵，就是很喜歡用日文的片假名「烙外文」。比方說，會議資料他們會說「アジェンダ」（Agenda）或是「レジュメ」（Résumé）；分配工作會說「アサイン」（Assign）；後來居上會說「キャッチアップ」（Catch up）；推

出服務會說「ローンチ」（Launch）。在複雜的現代商界中，經常能聽到這類詞彙，但如果太頻繁地使用，就會給人一種「臭屁顯擺」、「自以爲懂很多」的印象。

順帶一提，我在行銷業界和創投業界已經待了很長一段時間，這類行業的人士談話之間眞的會夾雜很多這類用語，有時感覺實在有些多餘。當然，他們對這些詞彙都非常了解，但有些人卻不分時地、自顧自地滔滔不絕，也不管別人愛不愛聽。

「高意識系」的另一個特徵，就是很喜歡開讀書會、拓展人脈。但其實，「讀書會」是無辜的，熱心好學更是值得稱讚的行爲。

事實上，問題的本質在於「排他」。使用專業用語和進行團體活動，**前者是擁有共通語言，後者一起進行某件事，兩者都會產生「夥伴意識」，就另一個角度來看，這麼做也容易「排斥外部團體」**。

當人屬於某個團體時，就會對其他團體表現出厭惡態度或差別待遇。這種心理狀況稱爲**「內團體偏誤」**。「內團體」是指自己隸屬的團體，像是公司、學校、社團、交友圈、家族等，相反地，自己不屬於的團體就稱爲「外團體」。

5

【內團體偏誤】Ingroup bias

對自己隸屬的團體抱有好感，對其他團體則持反對態度，又稱「內團體偏私」。小從性質輕鬆的同鄉會，大到壁壘森嚴的學閥、財閥，範圍非常廣闊。「集團」不一定要實際存在，肉眼看不見的標籤也能形成集團感，進而產生內團體偏誤。

◎具體範例

「粉絲」是最明顯的內團體。阪神粉對巨人粉「恨其人及其物」，就是因為受到「反巨人」凝結的內團體偏誤所影響。這種偏誤若沒有控制好，還可能發展成對國家、人種等特定團體的排外主義行為。

當內團體與自己合而爲一，就會出現將內團體視爲自己、將外團體視爲他人的現象，進而疏遠外團體。相反地，外團體遭到疏遠後，也會對內團體敬而遠之。面對Picker這個內團體的疏遠，外團體嚥不下這口氣，才會故意給他們貼上「高意識系」的標籤。

可是，會演變成這樣的情況，內團體的人也有責任。有些人把團體的思想視爲眞理，因而排擠內部有不一樣意見的人。不是所有內團體成員都是同樣想法，就像不是所有阪神粉都是巨人黑粉。

有些人被內團體趕出來後，就會開始批評「那個地方跟宗教團體一樣」、「同儕壓力超大」；這麼一來，外團體就會更加瞧不起內團體。很多人之所以毫不掩飾地揶揄「NewsPicks」是「高意識系」，就是因爲**內外團體的對立，再加上內團體裡的矛盾導致對立惡化所致**。

我有段時間也加入了NewsPicks的付費會員，看到自己的文章被好幾百人特別挑選出來，眞的是一件很高興的事。但不可諱言，「內團體」的惡意評論眞的滿討人厭的。

這種覺得同一個內團體的人，甚至所有人一定跟自己抱持一樣想法的偏誤，稱爲**「錯誤共識效應」**。

6

【錯誤共識效應】False consensus effect

高估自己與其他人之間的「共識」，覺得別人在遇到相同情況時，也會做出跟自己相同的選擇與舉動，若否，就會覺得對方異於常人。簡單來說，就是覺得自己是「有常識的那一方」，對那些不符自己常識的人貼上「沒常識」的「標籤」。

◎ 具體範例

美國史丹佛大學的社會心理學家李．羅斯（Lee Ross）曾做過一場實驗，他安排了一份打工，要求學生將寫有「Eat at Joe’s」（來 Joe’s 吃飯）的海報貼在背上、在校園裡到處走動。

願意接這份打工的學生，覺得有六二％的人也會願意接下這份工作；而拒絕接這份打工的學生，則認為有六七％的人會拒絕這份工作。接受的人覺得拒絕的人是「膽小鬼」，拒絕的人則覺得接受的人是「怪咖」。

事實上，「高意識系」和「一般人」沒有什麼太大的差別，而是在多重偏誤之下，在某些情況看起來是「一般人」，某些情況又變成了「高意識系」吧。

■「認同需求」本身無所謂好壞

在我看來，其實根本就沒有什麼「高意識系」，而是某些團體特別喜歡將其他人貼上「高意識系」的標籤罷了。

一九二六年，也就是距今超過九十年以前，美國智威湯遜廣告公司說過這麼一段話：**「要販賣東西就必須販賣詞彙，本來就得做到超過這個地步，因為我們必須販賣人生。」**

「高意識系」也是同樣道理。人類的慾望自古至今從未改變，只因現代出現了「高意識」這個詞彙，才會在整個社會掀起「高意識風潮」。我認爲，「NewsPicks」就是搭上了這股潮流，以「高意識媒體」的身分進一步販賣人生、販賣生存之道，所以才會經營得如此成功。

那麼，到底什麼是「高意識系」？人類自古至今未曾改變的慾望到底是什麼呢？答案是**「認同需求」**。說穿了，高意識系就是想要獲得「認同」。

各位還記得前面「吃到飽」的章節中介紹的「馬斯洛需求層次理論」嗎？「獲得認同的需求」位於上面數下來第二層，該需求又可細分為**「受到他人認同」（他人認同需求）**和**「認同自我存在價值」（自我認同需求）**，但最終都在追求「確立自我」。

認同需求和食慾等生理需求、安心自由等安全需求不同，滿足的對象是內心。若內心感到未獲認同，就無法滿足認同需求。其中又以他人認同需求最為麻煩，因為無論你如何與他人交流，只要對方不認同你，認同需求就會不斷累積。

這種對「認同」的追求，會使人墮入貪婪的深淵之中。很多人為了增加社群網站上的「讚數」、「粉絲數」、「播放次數」，不惜做一些稀奇古怪的事情，有可能就是「認同需求」在作祟。

問題來了，為什麼「高意識系」這麼執著於「認同」呢？我認為這可以用**「鄧克效應」**來說明。

7

【鄧克效應】Dunning-Kruger effect

能力較差的人習慣高估自身能力；相反地，有能之人則習慣低估自己的能力。為什麼呢？因為能力較差的人無法認知到自己的「不足」，也無法正確推測他人的能力。但是，在接受訓練、開始累積實力後，就會認知到自己的無能了。順帶一提，「鄧克效應」的「鄧」是大衛・鄧寧（David Dunning），「克」為賈斯丁・克魯格（Justin Kruger）。這兩位是美國康乃爾大學的學者，此理論的原始研究即出自他們兩人之手。

◎具體範例

仔細觀察你會發現，那些在學會上發問時說「不好意思，可能是我學業不精」、「不好意思問這種基礎問題」的，都是學富五車的老教授。他們這麼說可能並非在諷刺對方的無知，而是單純的鄧克效應現象。莎士比亞也曾在作品裡說到：「愚者自以為聰明，智者則有自知之明。」

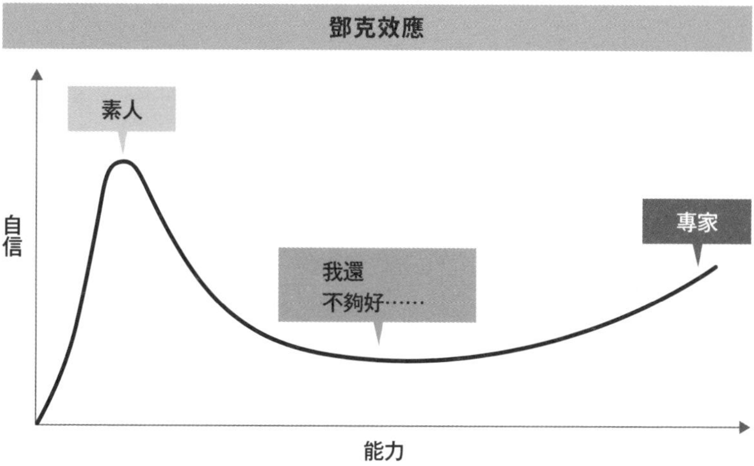

前面在介紹「高意識系」的特徵時，提到了「沒有內涵」、「成效不彰」、「剛愎自用」。若從「鄧克效應」的角度來解釋，高意識系就是**「實力很差，卻高估自己的能力」**。

當一個人爲了得到他人認同、證明自身存在價值而非常努力，卻沒有實力將工作做好，導致無法得到認同；久而久之，他會非常焦急，進而空轉得更嚴重，認同需求也會因此膨脹。

「高意識系」的人大多處於「實力不足」的狀態，正因爲他們認知到這一點，才會設法「精進自我」、「拓展人脈」。就這一點來看，**這些人其實活得非常認真**。

就如我前面提到的，「NewsPicks」的特色在於可閱讀「Pro Picker」的評論，加入學術會員後，還能與各領域的專家進行交流。對那些高估自我實力的「高意識系」而言，「NewsPicks」提供了跟各界神人交流的管道，正好可以滿足他們的「認同需求」。

在「NewsPicks」突飛猛進的背後，其實有這麼一套建立在「認同需求」上的「惡魔機制」。

不過，這並沒有什麼不好。

「認同需求」是人類的一種煩惱，過度的需求會產生「貪婪」，屬於「惡」的一種。但我認爲，**「渴望獲得他人認同」並沒有什麼不對**。

很多人在「認同需求」的驅使下，一步一步努力往上爬，最後成爲備受尊敬的成功人士。

再說，這世界上有人沒有「認同需求」嗎？想要獲得家人、朋友、同事、社群的認同，並不是件奇怪的事。

「NewsPicks」的案例告訴我們，這個世界上有多少人爲了「獲得認同」而瘋狂。

建議各位**可推出在某個程度上「肯定認同需求」的「惡魔型產品服務」，肯定比「否定認同需求」更能獲得大眾支持**。

第2章

「憤怒」是人的動力

童話

咔嚓咔嚓山

很久很久以前，有一對靠務農維生的老夫婦。有一隻壞狸貓每天都來他們的菜園搗亂，將他們辛苦種下的種子、地瓜挖出來吃掉，讓老夫婦大傷腦筋。

憤怒的老爺爺設下陷阱，好不容易抓到了狸貓。

老爺爺交代老婆婆把牠煮成狸貓湯後，便下田工作去了。

狸貓騙老婆婆說：「放了我吧！我不會再做壞事了，還會幫妳做家事。」老婆婆將狸貓鬆綁後，恢復自由身的牠卻用木棒將老婆婆打死。

附近的山上住了一隻跟老夫婦感情很好的兔子。老婆婆死後，老爺爺去找兔子商量復仇之事。

「我很想幫老婆婆報仇雪恨，但我不是狸貓的對手。」

兔子聽完事情的來龍去脈後，便出發去找狸貓復仇。

兔子約狸貓去砍柴。歸途，兔子故意走在狸貓身後，用打火石點燃狸貓背上的柴薪。

聽到打火石發出的「咔嚓咔嚓」聲，狸貓覺得奇怪，問兔子那是什麼聲音，兔子騙他道：「這座山叫做咔嚓咔嚓山，是山裡的咔嚓咔嚓鳥在叫。」

於是，狸貓背部被火嚴重燒傷。

過了幾天，兔子將辣椒加入味噌，騙狸貓說這是燒傷的特效藥。狸貓將味噌塗在傷口上後，忍不住痛得哇哇大叫。

狸貓的傷口痊癒後，兔子約狸貓去釣魚。

兔子準備了兩艘船，一艘是小木船，一艘是大一號的泥巴船。

兔子知道以狸貓貪得無厭的個性，一定會選擇能裝比較多魚的大船。而不出牠所料，狸貓選了泥巴船。

兩人出海後，泥巴船慢慢融化，最終沉入了大海。

狸貓向兔子求救，但兔子非但沒有救牠，還用船槳將牠壓入水中，將之溺死，成功為老婆婆報仇。

《咔嚓咔嚓山》是個勸善懲惡的童話故事。

每個地方流傳的內容不太一樣，但到了室町時代[1]末期，大致已是現在的故事雛形。

我是覺得，這個故事**對狸貓的懲罰有點過頭了**。

當然，牠殺了無辜的老婆婆，是該負起殺人罪刑。

但就現代的法律和道德而言，這樣的做法實在是天理不容。兔子應該會被處以重刑，老爺爺大概也會視為教唆犯。

據說到了江戶時代[2]，民間開始出現同情狸貓遭遇的聲浪，所以把一部分對狸貓的懲罰情節刪掉了。

為什麼這個故事能流傳這麼久呢？

我認為跟故事中惡有惡報、以牙還牙的精神有關。

在現實社會中，礙於法律與道德，我們即便對惡人恨之入骨，也不能報仇雪恨。

但**我們是人，人會憤怒、會忍無可忍，有時不反擊就嚥不下這口氣**。

正因為《咔嚓咔嚓山》露骨地描寫了人類的黑暗面，才能流傳數百年。

憤怒，是人的動力。

1 日本時代劃分，指西元一三三六年至一五七三年。

2 日本時代劃分，指西元一八〇三年至一八六七年。

令大人心浮氣躁的「惡魔少女」

■讓全世界亂了手腳的女孩

二〇一八年八月二十日，一個十五歲的少女不去上學，一個人坐在瑞典議會外，高舉「爲氣候罷課」的牌子。

她發放寫有**「我罷課是因為你們大人正在糟蹋我的未來」**的傳單，宣布自己到九月九日大選前都不會去上學。

該少女的行爲透過社群媒體傳遍了全世界，引發高度討論。

瑞典大選結束後，少女發起「週五護未來」（Friday For Future）活動，每週五繼續罷課，並呼籲全球的學生一同加入抗議行列。

到十一月爲止，全球各地發起了許多罷課活動，包括澳洲、奧地利、比利時、加拿大、荷蘭、德國、芬蘭、丹麥、日本、瑞士、英國、美國的學生都加入響應。

澳洲總理莫里森對此表示：**「希望學生可以減少罷課時間，多到學校念書。」**然而，抗議活動不但沒有停止，莫里森還因此成了批評的箭靶。

這個讓全球學生走上抗議之路的少女名叫格蕾塔・童貝里，她的憤怒席捲了全世界，其行動獲得高度評價，甚至於二〇一九年榮獲諾貝爾和平獎的提名。

看到孩子放棄學業參加抗議活動，全球大人都亂了手腳，前面提到的莫里森總理就是一個例子。

比利時法蘭德斯的環境部長甚至發表了陰謀論：**「有情報單位已掌握她的背後黑幕。」**

情報單位立刻發表聲明否認了這件事，最後該部長被逼到辭職下台。

除了這些，還有許多「大人」表現出「心浮氣躁」的例子。

俄國總統普丁說：**「童貝里不知道現代世界的複雜。」**歐盟高級外務安保政策代表波瑞爾也揶揄參加抗議的年輕人得了「童貝里症候群」。

童貝里出席在西班牙馬德里舉行的《聯合國氣候變化綱要公約》第二十五次締約方會議（COP25）後的回家路上，在社群網站上傳了一張她在列車上席地而坐的照片，並寫道：「我正搭乘擁擠的火車穿越德國。」

德國鐵路公司留言反駁：「如果您也能提到敝公司員工在頭等車廂如何親切地服務您，這樣會更好。」意思就是：**「妳明明就爽坐頭等車廂，哪裡擁擠了？」**

雖然童貝里在社群網站上相當有號召力，但她不過是十幾歲的年輕人，爲什麼普丁總統等「大人」會如此針對她呢？這麼做實在缺少大人該有的成熟與沉著。

看來，**童貝里應該有某種讓大人心浮氣躁的「特質」**。

童貝里有時確實用詞比較激烈一些。

二〇一九年九月二十三日，她到紐約參加聯合國氣候行動峰會（2019 UN Climate Action Summit）時，連說了四次**「你們怎麼敢」（How dare you!）**，狠批大人遲遲不肯行動。

當時她眼眶含淚，憤怒到聲音顫抖不已，挑起的眉毛在額頭上擠出好幾道皺紋。很多人看到她那高高在上的態度，都覺得生理上無法接受。

但其實，仔細分析她的說話內容你會發現，她並非急功近利、要各國政府緊急推動環境政策，而是要大家**「傾聽科學家的聲音」**。

童貝里爲了參加該次活動，特意搭乘節能船橫渡大西洋，船帆上寫著「以科學爲根基團結一心」（Unite Behind the Science）。

她的主張是基於科學，而非自己的情緒。

爲什麼大人對她如此反彈呢？

■大人習慣做出對自己有利的結論

若地球暖化再繼續擴大下去，會發生什麼事呢？由世界氣象組織、聯合國環境署攜手成立的政府間氣候變化專門委員會（Intergovernmental Panel on Climate Change，簡稱IPCC）曾於二〇一八年發布特別報告書，對此問題彙整如下——

- 全球平均氣溫已比工業化之前升高一．〇℃，若氣溫之後繼續上升，將於二〇四〇年左右達到一．五℃。
- 氣候變遷將對食物和水資源帶來無數不良影響，包括海面上升、生態系統崩壞等。

- 要將暖化控制在一．五℃之內，必須在二〇三〇年前將全球人爲二氧化碳排放量減少至二〇一〇年的四五％，並於二〇五〇年減少一〇〇％。

童貝里非常在意這份政府間氣候變化專門委員會所發布的報告，並指出**全球於十年後將碳排放量減半的可能性只有五〇％，因而感到非常憤怒**。她表示，若再這樣放任下去，總有一天地球暖化會超過臨界點，恐淪爲「溫室地球」（Hothouse Earth）。

然而，就現在的科學觀點來看，就算十年後平均氣溫上升超過一．五℃，也不一定會達到「溫室地球」的臨界點，所以有些人才會認爲童貝里是在小題大作。根據科學研究，若暖化發展成「最糟糕的狀況」，地球環境可能最快在十年後就陷入非常危險的狀態。就這一點而言，童貝里的發言在科學上是站得住腳的，並非空穴來風。

簡單來說，現在就是公說公有理、婆說婆有理，沒有一個確定的結論。

全球平均氣溫變化

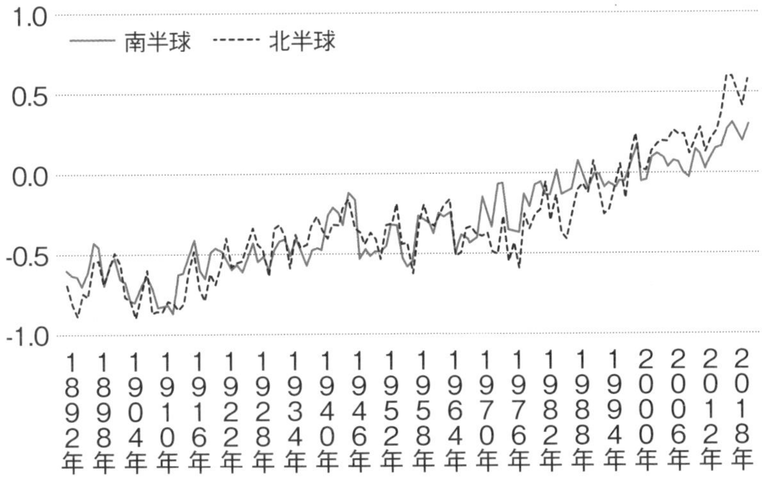

出處：日本氣象廳

日本平均氣溫變化

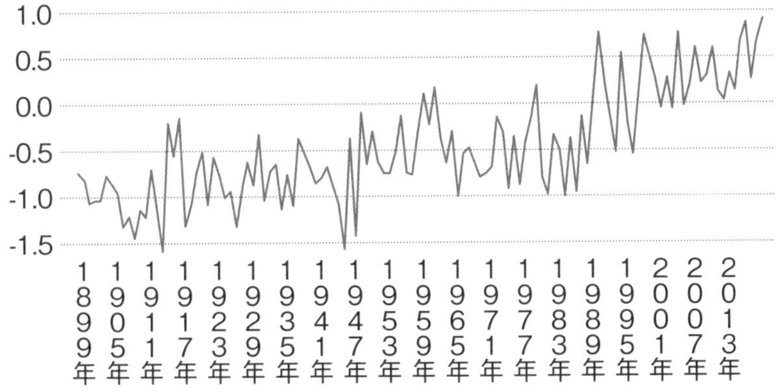

出處：日本氣象廳

地球真的在暖化嗎？

根據日本氣象廳所公布的〈全球平均氣溫變化〉（與一九八一年至二〇一〇年間三十年的平均值進行比較），這一百三十年來的南北半球平均氣溫皆上升了〇．七℃至〇．九℃。

從〈日本平均氣溫變化〉（與一九八一年至二〇一〇年間三十年的平均值進行比較）一圖可看出，日本暖化的情況比全球嚴重，一百二十年來升高了一．五℃。

這些數據顯示，地球確實有暖化的現象。

有些人懷疑暖化問題是否真的存在，他們特別喜歡攻擊暖化現象的「因果關係」，要求說地球暖化的人拿出證據、證明氣候異常是暖化造成的。

■是「相信」還是「想信」？

當然，這些暖化學說和資料也可能有魚目混珠的情況；但就「數據」來看，地球的溫度確實不斷在升高，很明顯有暖化問題。

明明事實擺在眼前，爲什麼還有那麼多人主張地球沒有暖化、暖化是陰謀論呢？想要知道答案，關鍵就在於「正常化偏誤」。

8

【正常化偏誤】Normalcy bias

即便陷入可能受害的狀況，還是用正常的日常生活框架予以解釋，忽略對自己不利的資訊，不願相信事實。人們習慣用自己的知識評估事情，進而低估風險，覺得「哪有那麼嚴重」。

◎具體範例

一九八二年七月二十三日到二十四日，日本長崎縣長崎市發生集中型豪雨，每小時雨量高達一百八十七毫米。

官方於二十三日下午五點便發布淹水警報，但當時已連下好幾天的大雨，所以民眾都覺得沒那麼嚴重。直到晚間九點，前往避難所的居民僅有一三%，居住在高風險地區的居民大部分都未前往避難，因而造成重大傷亡。死亡失蹤人數高達二百九十九人，其中有二百六十二人死於土石流和坍方。倖存者在接受訪問時表示，他們以為待在家裡很安全才沒有及時去避難，想說繼續看看狀況。

人們要滿足三個條件才會相信某件事是「眞的」。第一是「專家」的詳細說明；第二是提出「具體數據」等證據；第三是媒體的「大肆報導」。

有些不肖專家便逆向操作，刻意偽造數據供媒體宣傳，讓假消息流傳出去。

二〇〇七年一月七日，關西電視台的節目《發掘！眞有其事大百科Ⅱ》（発掘！あるある大事典Ⅱ）說吃納豆可以減肥，後來發現是節目製作人刻意扭曲專家的解說，節目中發布的數據也是偽造的。

然而，在事情穿幫之前，許多消費者都認為納豆「真的」有減肥效果。多家超商的納豆被搶購一空，引發了一場「納豆大缺貨之亂」。

這是一個「正常化偏誤」的經典例子，人類就是這麼好騙、這麼非理性的生物。內心的「脆弱」讓我們只想「逃避不安」，因而做出荒謬的判斷。

地球暖化也是同樣道理。政府間氣候變化專門委員會都已經明確告訴大家「地球正面臨危機」了，但在「正常化偏誤」的影響下，人類的本能讓我們只想「逃避危機所帶來的不安」，進而相信「地球沒有暖化」、「地球暖化是一場陰謀」。

只能說，基於數據的科學說法不一定是贏家。

■因「正確言論」而發怒的大人們

不過，在童貝里的「憤怒」之下，世人對於暖化的論調出現了很大的變化。

每當童貝里表達出自己的憤怒時，大家就會批評她說的是「不切實際的大道理」。

童貝里的遭遇讓我們明白，**世界上其實有很多因「正確言論」而「發怒」的大人**。

不僅是地球暖化，大人只要遇到「正確言論」，像是「不要加班，應提高生產力」、「高齡世代的薪水不變，冰河期世代卻領低薪」……等，即便有數據支持，他們還是會下意識地予以懷疑，甚至情緒化地予以否定。

爲什麼人們不願意面對「正確言論」呢？

這其實跟名爲**「質樸犬儒主義」**的偏誤有關。

9

【質樸犬儒主義】Naive cynicism

覺得對方比自己更加自我中心。由於「人類是自我中心的生物」這一觀點本身屬於「犬儒派（憤世忌俗、冷潮熱諷）」，所以稱為「犬儒主義」。

◎具體範例

想像一下你跟某甲分工合作——

倘若結果是成功的，你會覺得自己分配功勞的方式很公平，某甲卻高估自己的功勞，居功自傲。相反地，如果結果是失敗的，你會覺得自己很有擔當，某甲卻沒有負起該負的責任。

無論是哪一個結果，你都會覺得某甲對他自己過於寬容。

也就是說，我們都覺得自己很努力要了解對方的想法，別人卻對我們的意見視而不見，只顧陳述他的意見（即便對方的論調是正確的）。在這樣的情況下，對方說得愈有理、愈正確，我們只會覺得他是在固執己見。

常聽人說「光講道理有什麼用？」、「出一張嘴誰不會？」、「面對現實吧！」，這類意見本身就是「犬儒主義」。

我要說的不是「犬儒主義」不好，但就現實而言，還是必須與其他人妥協、達成協議。

除了「質樸犬儒主義」，大人之所以無法接受童貝里，也可能跟「心理抗拒」有關。

10

【心理抗拒】Psychological reactance

當人們失去選擇自由，或遭到他人強迫時，就會不想順從，萌生反抗之意，即便對方的提案是好的也一樣。

◎具體範例

不知道各位有沒有這樣的經驗？本來打算看完漫畫就去念書，卻因為父母催促你去念書，而莫名失去念書的幹勁。本來已排好工作的順序，卻因為上司的一句：「你怎麼還沒做這個工作？」害你一整天軟爛在辦公桌旁，什麼都不想做。

討厭童貝里的大人中，應該也有擔心地球暖化進度的人，但**因為童貝里的口氣非常強硬，不斷逼迫大人解決地球暖化問題，才有這麼多人出現反彈吧**。

但我認爲，這樣也沒什麼不好。

有些人士認爲，童貝里撕裂了這個社會。但我認爲有一點是無庸置疑的，那就是她的出現，讓地球暖化這個議題變得更加明確，有更多人認爲應該設法解決全球暖化的問題，這都是童貝里的功勞。

人們「冷靜」地討論了幾十年地球暖化的問題，卻絲毫沒有改變這個世界，直到出現「憤怒」這種「惡魔式情緒」，才讓這個議題動了起來。

人為「錯誤判斷」而瘋狂

■「M－1大賽」風波

每年冬天，日本都會舉辦讓搞笑新人大顯身手的「M－1大賽」。

自二〇〇一年首次舉辦後，雖然中間停辦了四年，但「M－1大賽」在日本的知名度還是逐年增加。

只要贏得M－1冠軍，就會瞬間成爲綜藝節目的寵兒、搞笑界的當紅炸子雞。還有人從中歸納出一套「人氣法則」，認爲M－1亞軍通常比冠軍紅得更久。

如今M－1已成爲日本舉足輕重的大型活動，在各方面影響著民衆的生活。

二〇一八年M－1舉辦了平成最後一場大賽，該屆冠軍頒給了「霜降明星（霜降り明星）」，他們是M－1史上第一組平成出生，也是最年輕的冠軍得主。他們的奪冠象徵了新時代的到來，給民衆留下了「世代交棒」的深刻印象。

有些綜藝節目會稱「霜降明星」、「EXIT」、「四千頭身」這些年輕組合為「第七代搞笑藝人」，而二〇一八年的M–1大賽正是時代的分水嶺。

隔年二〇一九年，M–1舉辦了令和第一場大賽，由「牛奶男孩（ミルクボーイ）」奪冠，並創下歷屆最高得分紀錄。

「牛奶男孩」的搞笑簡單易懂，任何人都模仿得來，所以有段時間網友很流行「致敬」他們。

在華麗的表面之下，這幾年M–1的「賽外戰」也非常精彩。如果你對搞笑沒興趣，說不定對這些「賽外戰」還比較有印象呢！

二〇一八年大賽結束後，在決賽第一輪就被淘汰的「超級馬拉杜納（スーパーマラドーナ）」中的武智和「鮪魚肚（とろサーモン）」的久保田一起在Instagram上直播，說了下面這段話——

「各位評審，你們打分數應該要撇除個人情緒，要知道，你的一分足以改變一個人的人生。」

「右邊的歐巴桑！右邊那位歐巴桑，大家都覺得妳很討人厭喔！」

「她是更年期障礙嗎？」

這些話被認爲在揶揄上沼惠美子，因而引發軒然大波。事情鬧大後，兩人立刻出面道歉。

有段時間，大家的焦點都放在兩人的失言風波上，當年的冠軍「霜降明星」也因此遭到媒體冷落。

二〇一九年，上沼惠美子再次擔任M－1大賽的評審。她在會上語帶諷刺地說：「我已經克服更年期障礙了！」雖然她這麼做似乎是爲了展現自嘲的度量，卻引來各界撻伐聲浪。

以下是上沼遭到網友攻擊的二〇一八、二〇一九年的評分與講評——

「我是Miki（ミキ）的粉絲，你們跟Gallop（ギャロップ）的自虐哏很不一樣，非常出色！」（二〇一八年）↓上沼給Miki九十八分（十組參賽者中的第

一名），給 Gallop 八十九分（十組參賽者中的同分第五名）時的講評。

「我是 JaruJaru（ジャルジャル）的粉絲，但我不喜歡你們的搞笑哏。」（二〇一八年）↓上沼給 JaruJaru 八十八分（十組參賽者中的同分第七名）時的講評。

「感覺你們（指湯姆布朗〔トム・ブラウン〕）是未來式的搞笑，我年紀大了跟不上。」（二〇一八年）↓上沼給湯姆布朗八十六分（十組參賽者中的同分第九名）時的講評。

「感覺你們（指和牛）把這裡當自己家，好像是你們的場子，沒有什麼比賽的緊張感。芥末蓮藕（からし蓮根）則給人煥然一新的感覺，真的是笑死我了，你們散發出一股勢在必得的氣勢，感覺得出來你們非常想贏得冠軍！」（二〇一九年）↓上沼給和牛九十二分（十組參賽者中的同分第八名），給芥末蓮藕九十四分（十組參賽者中的同分第四名）時的講評。

上沼這種辛辣的講評風格，讓網友覺得她非常傲慢，開始在社群網站上攻擊她，懷疑**她沒有依照客觀評審標準評分，而是遇到自己喜歡的團體就評高分、不喜歡的團體就評低分**。

■上沼惠美子的評分真的不公嗎？

在這裡，我想用數據來驗證上沼是否眞的是用「個人喜好」評分。如果上沼眞的**脫離審查標準、依照個人偏見評分**的話，應該會跟其他評審給的分數差很多。

我們來看看M－1大賽二〇一八年跟二〇一九年的得分。

首先是二〇一八年，這一屆的參賽組合大部分都拿到九十分以上的高分。評審中川家禮二給出的最低分是Gallop的九十分，最高分是霜降明星的九十六分；由此可見，他給每個參賽組合都超過九十分。

上沼給出的最低分是給「Universe（ゆにばーす）」的八十四分，最高分是給Miki跟和牛的九十八分。因雙方差了整整十四分，看起來似乎有「偏頗」的嫌疑。

但是，落語[1]家立川志樂的最高分和最低分也差了十四分（最低分是「示意圖（見取り図）」的八十五分，最高分是 JaruJaru 的九十九分）。松本人志的給分也是相差了十四分（最低分是 Universe 的八十分，最高分是霜降明星的九十四分）。「Knights（ナイツ）」的塙宣之給出的最高低分的差距高達十六分（最低分是 Universe 的八十二分，最高分是霜降明星的九十八分）。

可見，**看最高低分的差幅是沒有意義的**。

我將每一組的分數做成了圖，依總分高低從左到右排列，黑點爲上沼的評分，白點爲其他評審的評分。

從這張圖可看出，上沼對和牛和 Miki 的評分略比其他評審高，但並未偏頗到足以大幅影響整體排名。

我們再來看看二〇一九年的分數。

大概是因爲第二組登場的是「鎌鼬（かまいたち）」、第三組是和牛，實力太

1　日本的一種表演藝術，類似單口相聲。

2018 年 M-1 大賽各組得分

表演者	巨人	禮二	塙	志樂	富澤	松本	上沼
示意圖	88	91	85	85	86	83	88
超級馬拉杜納	87	90	89	88	89	85	89
鎌鼬	89	92	92	88	91	90	94
JaruJaru	93	93	93	99	90	92	88
Gallop	87	90	89	86	87	86	89
Universe	84	91	82	87	86	80	84
Miki	90	93	90	89	90	88	98
湯姆布朗	87	90	93	97	89	91	86
霜降明星	93	96	98	93	91	94	97
和牛	92	94	94	93	92	93	98

2018 年 M-1 大賽各組得分（散布圖）

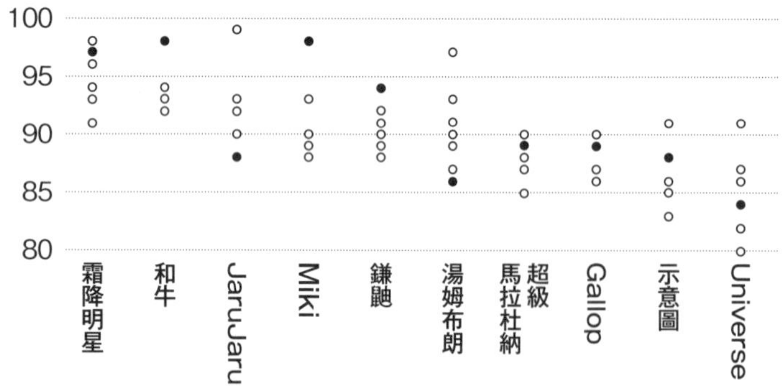

霜降明星	和牛	JaruJaru	Miki	鎌鼬	湯姆布朗	超級馬拉杜納	Gallop	示意圖	Universe
662	656	648	638	636	633	617	614	606	594

2019 年 M-1 大賽各組得分

表演者	巨人	塙	志樂	富澤	禮二	松本	上沼
紐約	87	91	90	88	88	82	90
鎌鼬	93	95	95	93	94	95	95
和牛	92	96	96	91	93	92	92
漸入佳境二人組	92	91	92	90	91	89	92
芥末蓮藕	93	90	89	90	93	90	94
示意圖	94	92	94	91	93	91	94
牛奶男孩	97	99	97	97	96	97	98
Ozwald	91	89	89	91	94	90	94
印地安人	92	89	87	90	92	88	94
飢腸轆轆	93	94	91	94	92	94	96

2019 年 M-1 大賽各組得分（散布圖）

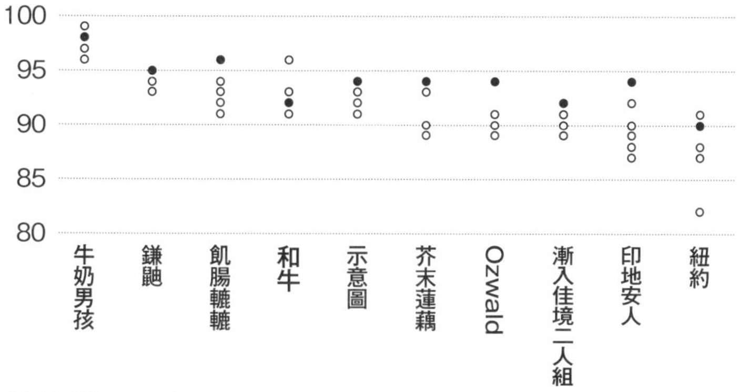

牛奶男孩	鎌鼬	飢腸轆轆	和牛	示意圖	芥末蓮藕	Oz-wald	漸入佳境二人組	印地安人	紐約
681	660	654	652	649	639	638	637	632	616

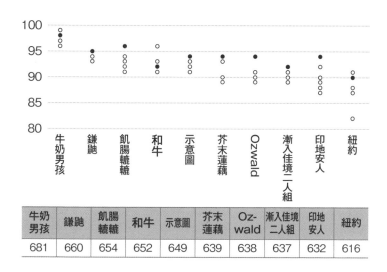

2019 年 M-1 大賽各組得分（散布圖）

表演者	巨人	塙	志樂	富澤	禮二	松本	上沼	總分
和牛	92	96	96	91	93	92	92	652
飢腸轆轆	93	94	91	94	92	94	96	654

過堅強，所以評審不斷給出高分。

上沼和二〇一八年的中川家禮二一樣，對所有人都給出超過九十分的高分。

最高低分差幅方面，上沼差八分，志樂和塙宣之差十分，松本人志差十五分。

我同樣將二〇一九年的分數依高到低由左至右排列，並用紅色標出上沼的給分。

順帶一提，第三名的飢腸轆轆獲得六百五十四分，第四名的和牛則獲得六百五十二分，雙方只差二分。

因兩隊是接連出場，很多和牛的粉絲都認爲：**「如果上沼當初能公正評分，和牛就能拿到季軍。」**

接下來，我們用「主成分分析」這種統計學手法來分析看看。

什麼是「主成分分析」法，比較極端的解釋，就是**不看**

七名評審各自的給分，而是將相似的對象壓縮成二至三列（人）。

這麼一來，我們就可用雙軸表示二〇一八年和二〇一九年的評審結果。

請各位將橫軸看作總分，縱軸看作七名評審評分的「獨特性」。

有趣的來了，上沼和志樂連續兩年都位於兩個極端。由此可見，**上沼與志樂的評分較為獨特，比其他五名評審都來得高分**。

觀察志樂的給分你會發現，二〇一八年他給第三名的 JaruJaru 九十九分，給第六名的湯姆布朗九十七分；二〇一九年給第四名的和牛九十六分。即便是總排名比較後面的團體，他也都給很高分。

志樂給 JaruJaru 九十九分，卻在講評時說：**「我完全笑不出來，但你們的搞笑很有趣。」** 這段發言讓他飽受批評，但也能看出他的評分方式真的很獨特。

也就是說，**用自己的方式評分的其實不只上沼一個**。各位從最高低分差幅應該也能看出，評分飄忽不定的也不只上沼一個。

然而，一般觀眾、超級馬拉杜納的武智、鮪魚肚的久保田，都認爲「只有」上沼「依個人喜好評分」。

2018 年 M-1 大賽的評分傾向（主成分分析）

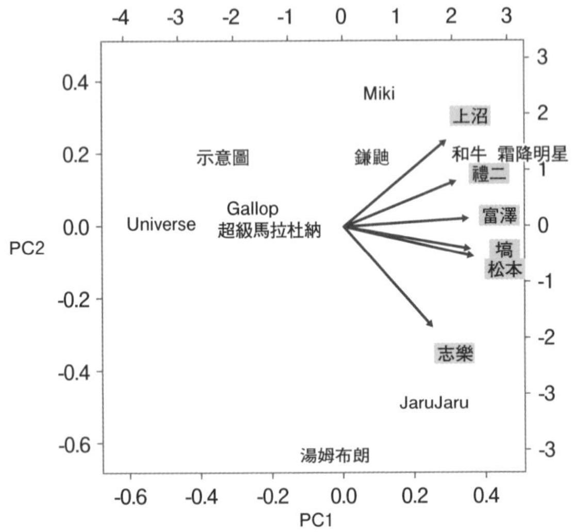

2019 年 M-1 大賽的評分傾向（主成分分析）

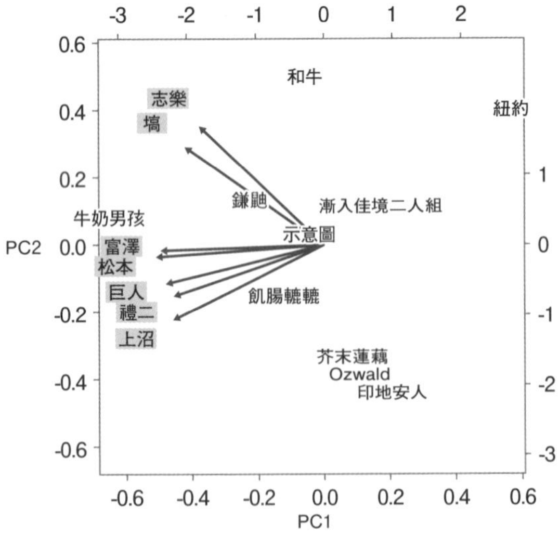

爲什麼這些人會這樣判斷呢？

■風波的導火線：「惡魔標籤」

這種不去檢驗過程、只聽結論就進行判斷的現象稱爲「結果偏誤」。

11

【結果偏誤】Outcome bias

日本人常說：「結果好，那就好。」大眾在進行判斷時，通常都不看過程、只看結果，有時甚至還會用結果去反向「創作」故事。

◎具體範例

在商務領域中，當有人做了一件勝率很低的事卻成功時，我們會說他「有先見之明，懂得洞燭機先」，而不會批評他「鋌而走險」。相反地，當一個經營者因為不敢冒險而無法賺到錢時，我們比較不會誇獎他「行動謹慎」，反而會說他是個「目光如豆的膽小鬼」。

只要稍微分析給分狀況，就能知道上沼給分到底有無不公。但大部分的民眾都是看到黑影就開槍，馬上相信網友給出的「結論」，沒有一絲懷疑。

人在進行判斷時，很容易只看對自己有利的資訊，這種傾向稱爲**「確認偏誤」**。

12

【確認偏誤】Confirmation bias

只蒐集對自己有利的資訊來支持自己的假設，並忽視對該假設不利的資訊。為了證明自己的想法是對的，找的都是支持自己言論的書籍和網站。反過來說，就是遠離「否定自己的資訊」。

◎ **具體範例**

接到「是我啦詐騙電話[2]」的老人家，憑藉對方的聲音和說話的內容，在自己的記憶中找到類似的人與事，便「深信」對方就是自己想的那個人。就算這時有人提醒他們這是詐欺、不要輕易匯款，他們也不當一回事。當偶像鬧出風波而在網路上引發批評，總會有人有如提油救火一般予以「護航」，不相信自己的偶像會做出不好的事。

網友又不會讀心術，怎麼知道上沼眞的是依「個人喜好」在給分呢？可是他們卻**堅信自己的假設絕對沒錯**，也**不去確認自己搞錯的可能性**，就給上沼貼上**「亂評分」**的標籤。

上沼似乎很清楚網友只是在亂貼標籤，對她的指控是無中生有，所以並未對此

2　一種專門騙老人家的詐騙手法，一接起電話就說「是我啦」，待老人家說出認識的人的名字後，設局騙對方匯款。

風暴做出任何回應，於二〇一九年擔任評審時也並未改變風格。面對批評，她非但沒有退縮，還在比賽時「大言不慚」地宣傳自己的CD，展現了搞笑藝人的格調。

上沼運用自己在演藝圈長期打滾的老到經驗，成功避開網友的攻擊，實在令人佩服。

面對那些毫無根據的批評，其實根本沒有什麼好反駁的。這樣做不但無法證明自己的清白，**反而會引來進一步的批評，說你「強詞奪理」**。最好的應對方式就是視而不見、聽而不聞，又或是展現自己的「寬容大量」，反而能讓人感受到你的「格調」。

不過，**「行銷」可不能這樣雲淡風輕地帶過**。

在促銷商品時，最糟糕的就是「沒人討論」。也因爲這個原因，有些人**會炒話題來幫商品衝知名度**，刻意引起媒體或網友的熱議。**寧可把商品推到風口浪尖上，也不要沒沒無聞地下架**。在這些人心中，「惡名昭彰勝過沒沒無聞」。

在我看來，如果上沼惠美子與網友針鋒相對，又或是在二〇一九年馬上改變講評風格，事情反而會愈鬧愈大。

「炒話題」不會引發過度反感，卻也不是每個人都能接受，所以不適合用在食品或醫療用品這類注重「好感度」的產品；**但非常適合用來宣傳活動，或是只需要鐵粉支持的商品**。放眼當今市場，你會發現這種行銷手法其實非常普遍。

「話題行銷法」能引發「狂熱」是很好，但**最近很多人「炒」得太過頭、太露骨，甚至違背道德規範，反而造成反效果**。因此，我不是很推薦大家這麼做。

但我認爲，各位還是必須知道人對「話題」趨之若鶩的原因。想要創造潮流，就必須先學會這種「惡魔心理」。

如果你非得用這種方法，請務必做好受人批評的心理準備，三思而後行。

「性別歧視」＝時髦術語？

■「女考生一律扣分」是「必要之惡」？

二〇一八年七月，日本文部科學省[3]科學技術暨學術政策局局長以通過文部科學省的補助爲條件，讓東京醫科大學錄取自己的兒子，因而遭到逮捕。

原本大家以爲這只是一起單純的「走後門事件」，事情卻往意想不到的方向發展。

二〇一八年八月，東京醫科大學承認於入學考對女考生扣分。二〇一〇年，該校醫學院醫學系的一般入學考錄取的考生中有四成是女生，校方認爲應將女生比例壓到三成以下，因而從隔年開始，對男生施行成績上的優待措施。

---

3 日本中央行政機關之一，相當於台灣的教育部、文化部、科技部。

聖瑪麗安娜醫科大學入學考試之分數調整狀況

配分	應屆重考	男性	女性	男女分數差
180分	應屆	164分	84分	80分
	第一次重考	144分	64分	80分
	第二次重考	104分	24分	80分
	第三次重考	80分	0分	80分
	第四次（含）以上重考	56分	-24分	80分
	其他	0分	-80分	80分

出處：日本文部科學省

以性別爲由黑箱扣分，這種做法簡直令人不敢置信。

文部科學省馬上對全日本的大學進行調查，發現有十所大學都以不正當的理由調整考生分數。

其中之一爲聖瑪麗安娜醫科大學（聖マリアンナ医科大学），該校不僅對女考生，還對所有重考生進行扣分。

學科考試四百分爲滿分，女考生跟重考生最多差二百四十四分，很明顯地有失公正。

據說，升學補教界都對此心知肚明：**「男生在醫學院的小論文跟面試較占上風。」**但就連這些人都萬萬沒想到，學校居然會在學科考試的分數上動手腳。

然而，跟這件事情息息相關的醫界，卻多抱持

醫師領取執業證照後依年數別之執業率

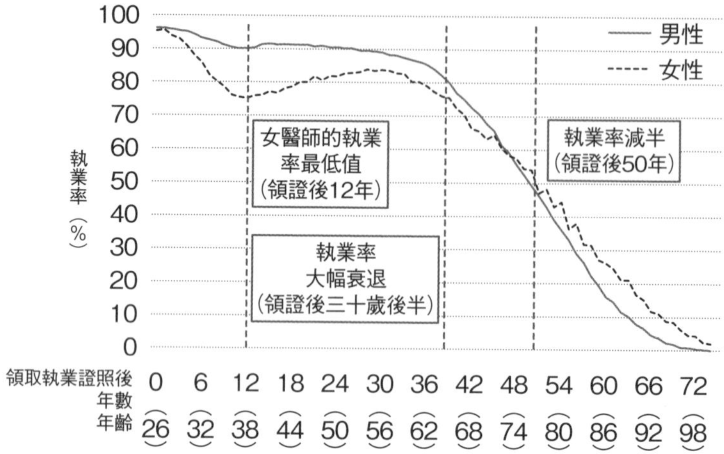

出處：日本厚生勞動省[4]（2018年）

「無可奈何」的看法。

醫師人力仲介公司M Stage（總公司位於東京都品川區）曾對醫師做過一份問卷調查（有效問卷數：男女醫師一〇三人），結果顯示，有六五％的醫師對於「東京醫大對女考生一律扣分」的行爲表示「能夠理解」，又或是「還能夠理解」。

其中最主要的原因是女醫師的離職問題。女醫師婚後有可能會請產假和育嬰假，雖然這是很正當的理由，但醫師是醫療機關的重要人力，一旦女醫師請假，院方就必須調度人員、重新排定工作流程，導致所有人一個頭兩個大。

雖說其他行業基本上也是一樣的狀況，但

擁有國家證照的醫師人數本就有限，要從別的地方調度人力實屬困難。

也因爲這個原因，很多醫院都不喜歡收女醫師。

看「醫師領取執業證照後依年數別之執業率」圖，我們可以發現，女醫師於取得執業證照後，執業率便一直下降到第十二年。醫師取得證照的平均年齡爲二六・八歲，可以想像，第十二年正好是生產育嬰的巔峰期。

就這張圖來看，因爲生產育嬰而離開醫療機關的女醫師最多有一五％。

日本厚生勞動省於〈二〇一七年醫療設施（靜態、動態）調查及醫院報告〉中，公布了醫院主要科別的男女全職換算醫師人數統計結果，其中女性最多的科別爲內科（七〇三六・六人），但女生比例卻只占一九・一％。

單就男女全職換算醫師人數超過一千人的科別來看，女性比例從高排列至低爲皮膚科、婦產科、眼科、麻醉科。

請注意，這些都是整體醫師人數相對較少的科別，醫師人數最多的爲內科，從

4　日本中央行政機關之一，相當於台灣的衛生福利部和勞動部。

各科女醫師人數

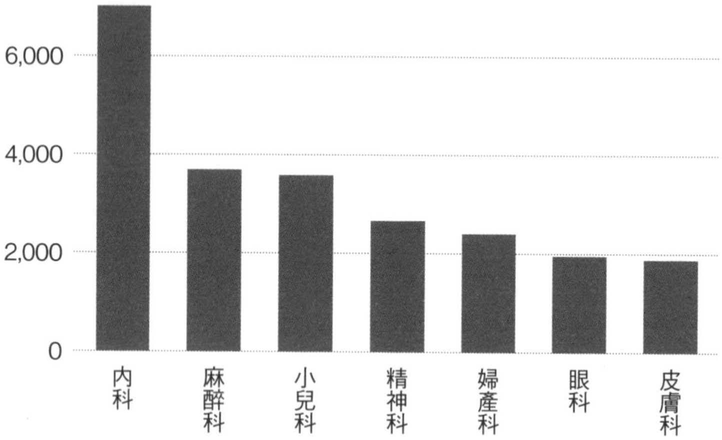

出處：日本厚生勞動省〈2017年醫療設施（靜態、動態）調查及醫院報告〉

各科醫師的男女比例

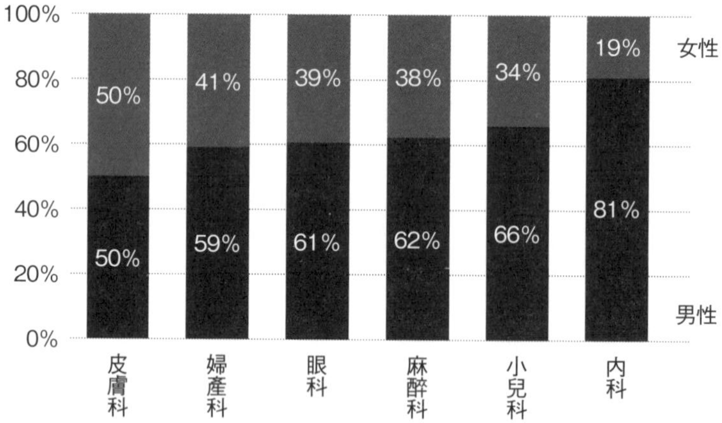

出處：日本厚生勞動省〈2017年醫療設施（靜態、動態）調查及醫院報告〉

內科的男女比例來看，整體醫師人數男性要比女性高出許多。而其中一個原因，就是女醫師有產假問題。

就現實而言，醫療機關確實比較需要男醫師，但這樣就可以允許入學考試黑箱作業嗎？

■「乍看之下很有道理」的意見，真的能解決問題嗎？

二〇一九年經濟合作暨發展組織（Organization for Economic Cooperation and Development，簡稱ＯＥＣＤ，以下稱經合組織）的醫療統計結果顯示：**日本人口每一千人中的醫師人數只有二．四人，位居七大工業國組織中的最後一名、經合組織三十六個會員國中的第三十二名。**

根據厚生勞動省的統計，日本醫師人數將於二〇三三年達到三十六萬人（預計每一千人中有三．一人）。雖然依然少於現在經合組織的平均三．五人，但至少有所改善。

醫師平均工作時間（正職）

性別	年齡	看診＋看診外	值班、待命
男性	20～29歲	57.3	18.8
	30～39歲	56.4	18.7
	40～49歲	55.2	17.1
	50～59歲	51.8	13.8
	60～69歲	45.5	8
女性	20～29歲	53.5	13
	30～39歲	45.2	10.7
	40～49歲	41.4	9
	50～59歲	44.2	7.8
	60～69歲	39.3	3.4

出處：日本厚生勞動省〈2017年醫生工作實況及工作方式意向等相關調查〉

不過，目前日本醫界人手不足的情況已然非常嚴重。

〈二〇一七年醫生工作實況及工作方式意向等相關調查〉則對一萬五千六百七十七名醫師進行了訪問。平均工作時間方面，二十至二十九歲男醫師的平均一週工作時間為五七．三小時，而且這是正常上班的時數，還沒加上每週值班和待命（於緊急狀況時隨傳隨到）的一八．八小時。

除以每週五天上班日，一天約工作十一小時（一天上班八小時＋三小時值班待命）。

順帶一提，這個數字只是「平均值」。有二七．七％的男醫師和一七．三％的女醫師工作超過「過勞死線（一個月加班超過

男女醫師的工作時間分布圖

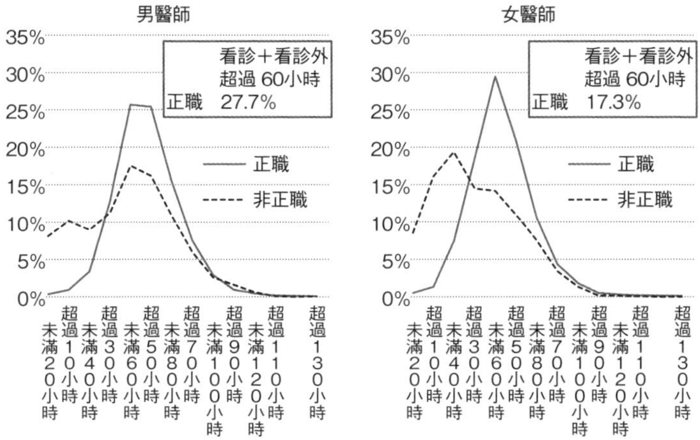

出處：日本厚生勞動省〈2017年醫生工作實況及工作方式意向等相關調查〉

八十小時）」，一週工作六十小時以上。

就現狀而言，醫師長時間工作已然成爲常態。而「人手不足」就是造成這種狀況的罪魁禍首。

但培育醫師需要很多時間，讀完高等教育六年後，還得接受專門訓練。

日本預計於二〇二四年推行醫療機關的「工作改革」，將醫師的額外工時上限訂爲「一年九百六十小時，一個月一百小時」，但這樣做並未從根本改善醫護人員工作時間過長的問題，因爲這個數字還是高過一般勞工。

醫界之所以不喜歡女醫師請產假、育嬰假，最大的原因在於「醫師人手不足」。相信很多人都認爲：「既然女醫師會中途脫隊，還不如一開始就多錄取男生。」

可是各位有沒有想過，要怎麼從根本解決這個問題呢？

再怎麼樣，都不會是「扣女考生的分數，增加男醫師」這種荒謬的答案。要解決這個問題，只能增加醫師的絕對人數，提升工作效率，排除不必要的工作。

像這種問題，只要靜下心來思考，一定能想出更好的解決之道。但正如前面的數據所示，大多數的醫師都贊同「減少女醫師，增加男醫師」這種做法。

明明是「稍作思考就能想通」的事，爲什麼大家都支持「乍看之下很有道理的意見」呢？這種現象稱爲**「無意識偏誤」**。

13

【無意識偏誤】Unconscious bias

自己也沒意識到的偏見與想法。在過去的經驗、習慣、周遭環境等因素的影響下，於不知不覺間產生的主觀認定。

◎**具體範例**

「工科的人就是笨嘴拙舌」、「老人家就是不會用電腦」、「最近的年輕人都吃不了苦」、「男人比女人有體力」……等，都是無意識偏誤的例子。即便你認識的工科朋友不擅言詞，也不代表所有工科的人都笨嘴拙舌。無意識偏誤的主詞範圍很廣，而且都是「片面的斷定」。

「女性無法跟男性一樣持續工作，扣分也是出於無奈。」

這句話乍看之下很有道理，但其實是一種先入爲主的觀念、單憑傳統思維導出的錯誤結論。

其實有更好的解決方法不是嗎？比方說，增加醫師的人數，確保即便女醫師離開一段時間醫院也能順利運作；又或是引進資訊科技、機械化，節省人力……等。

就我來看，醫界捨棄這些做法，選擇黑箱操作考試分數，實在是既沒邏輯又不合理。

不過，有些人因此就認定醫界對女性懷有惡意，將醫界扣上性別歧視的帽子，這也是過於片面的想法。那些肯定校方扣分做法的醫界人士，並非基於對女性的惡意，而是單純認爲這是爲了補強人力缺口的非常手段。

就結論而言，這樣的做法或許並不合理，但**就實情來看，與其說這些男醫師是性別歧視者，他們更接近被「偏誤惡魔」所束縛的凡人**。

當然，歧視是不能容許的，**但若一味將醫界扣上「性別歧視」的罪名，對解決問題並無助益**。重點在於「爲何他們必須採取歧視的做法」，唯有了解致因的偏誤，才能夠直搗問題核心，訂出更有效果的解決之道，改變人們的行爲。

美國已開發出「無意識偏誤修正訓練法」，幫助人們消除先入爲主的觀念和歧視思維，目前已蔚爲一股風潮。

Facebook 於公司內部開設「無意識偏誤管理課程（Managing Unconscious Bias，http://managingbias.fb.com/）」；Google 也推出「職場無意識偏誤（Unconscious Bias@Work）」的九十分鐘訓練課程，共有六萬名員工參加；美國法務部所開設的類似課程，也有二萬八千名勞工報名授課。

■大人都喜歡「維持現狀」

醫師不認同歧視，卻將黑箱扣分視爲「必要之惡」

他們大多表示能夠容忍現狀，認爲這是長久以來的做法，今後也不會改變。這其實是一種「維持現狀偏誤」。

14

【維持現狀偏誤】Status quo bios

比起能獲得的「利益」，更在意損失的「風險」，於是不希望有任何改變。人們對變化之後的不定性感到恐懼，認為改變現狀不僅要花費成本，還必須承擔風險，既然如此，那就乾脆維持「現狀」。

◎具體範例

你是否也有過以下經驗呢?明明換工作對人生較有助益，卻遲遲沒有跳槽;明明換成其他家電信公司、換成其他家保險公司較省荷包，卻一直沒有解約;明明換成新系統就能提升工作的生產力，卻還在使用舊系統。這些都是因為害怕變化引發「風險」而導致的行為。

常有大人認爲：**「基於現狀，維持現有措施才是比較實際的做法。」**比方說，公司一直沿用舊工作流程也沒關係，反正不換新也不會造成多大的損害。就是這樣的想法，讓他們願意容忍現狀中的小瑕疵。

但在我看來，「不分青紅皂白的性別歧視」、「黑箱扣分」等現狀，已然成爲一種「社會之惡」。若我們不矯正偏誤，繼續容忍這樣的行爲，對社會所造成的傷害，絕對比表面上看到的還要大。「黑箱扣分事件」之所以會在社會上引發軒然大波，就是因爲世人對「歧視」這種「扭曲」感到憤怒。正如前面在介紹童貝里時所提到的，「憤怒」是驅動社會的力量。若能夠巧妙運用這種「憤怒」的「惡魔心理」，肯定能形成一股巨大的力量，進而解決「醫界人手不足」這個長年弊端。

諸君！盡情地生氣吧！唯有生氣，才能改變這個世界。

第3章

人是「怠惰」的生物

童話

龜兔賽跑

很久很久以前，村莊裡住了一隻兔子。

一天早上，烏龜跟兔子打招呼：「早安。」兔子打算捉弄牠一番，便回道：「哪裡早？」

烏龜覺得奇怪，兔子回答：「照你這個速度，爬到我面前都日正當中了！」

「慢慢爬沒什麼不好啊。」

「當然是快快跑比較好。」

龜兔為此爭論了起來。

後來牠們決定舉辦一場賽跑，看誰比較快抵達山頂。

「預備……跑！」

兔子一馬當先，才一會兒的工夫，就與烏龜拉開了距離。

就速度而言，烏龜根本比不上牠。

但因為烏龜實在太慢了，兔子決定在中途休息一下。

等著等著，牠不小心睡著了。
兔子呼呼大睡的時間，烏龜一步一步慢慢爬，持續往終點前進。
終於，烏龜超過了兔子。
待大意的兔子醒來時，一切都已經太遲了，因為烏龜早已抵達山頂。

這個故事告訴我們，能力低人一等無所謂，只要一心一意努力往前，最後必能歡喜收場。但我看完這個故事後，只想抱頭大叫：**「白痴嗎？怎麼可能！」**

兔子是「不小心」睡著的，這代表什麼呢？烏龜是「僥倖」獲勝的。如果兔子沒有犯下失誤，烏龜不可能跑贏兔子。

能靠僥倖獲勝的例子少之又少，光憑這個例外就要我們相信「只要努力必能獲勝」，未免也太牽強了。就某層意義而言，這實在是非常糟糕的教育範例。

順帶一提，這個《龜兔賽跑》的寓言故事，被收錄在日本明治時代[1]的小學國語課本中，課文標題叫做〈一失足成千古恨〉。這個標題告訴我們，兔子如果不失足，就一定能夠贏過烏龜。

這也間接造就了昭和時代的日本美德──「努力不懈」、「拚死工作」。

就現代日本的角度而言，我反而覺得兔子在領先時所採用的「稍作休息戰術」頗具新意。

當今日本需要的，正是兔子這種「適時適當休息，評估狀況前進」的戰術。

為什麼呢？因為對個性認真的日本人而言，「適時適當休息」並不是件簡單的工作。

當你想要休息一下、偷個懶，第一步必須面對「想偷懶」這個慾望，承認自己存有這種邪惡的心態。

而個性認真努力的人，是不允許這種心態的，他們不願承認「自己是懶惰鬼」，所以才會死命工作，無視身體的極限硬撐，以至於健康出問題。

雖然兔子在關鍵時刻太過大意而輸掉比賽，但牠「可以偷懶就偷懶」的做法，也許才是最適合這個時代的戰術。

1 日本時代劃分，指西元一八六八年至一九一二年。

「真話」是刺激大眾的興奮劑

■懂得區分「真心話」和「場面話」的才是大人？

以前我到小田原希爾頓飯店度假放鬆時，遇到了一件奇妙的事。

小田原希爾頓飯店是日本國內少數的寵物友善飯店，客房附有寵物用品套組，飯店內也設有狗狗遊樂區。小田原的空氣清新，夜晚星空閃爍，讓我度過了美好的一天。

我心滿意足地辦完退房手續後，櫃檯服務人員說：「謝謝您的光臨，可否請您幫我們填寫滿意度問卷呢？」然後遞給我一張〇到十分的評分表。

我馬上意會過來，他們是要計算「淨推薦值（Net Promoter Score，簡稱NPS）」。那是佛瑞德．賴克霍德（Fred Reichheld）所提出、一種顯示顧客忠誠度（顧客再訪意願）的指標。

該調查視〇～六分爲「批評」；七～八分爲「中立」；九～十分爲「推薦」。**「推薦比例」減去「批評比例」即得到「淨推薦值」**。

淨推薦值高，代表正面評論多、有長期使用的忠實顧客、營業額的成長率高，能帶來許多良性影響。

不過，當時櫃檯人員就在我的面前，我不好意思評太差的分數，所以就圈了「十分」。對方接過後，滿面笑容地向我道謝。

那確實是一間很棒的飯店，但是說老實話，**給他們十分滿分「並非說謊，卻也不完全出自真心」，只是在「做表面」罷了**。

京都人是使用「眞心話」與「場面話」的高手。

如果京都人說「你們家小朋友鋼琴彈得眞好」，意思是「你們家的鋼琴聲吵到我家了」。如果你不懂得區分眞心話跟場面話，是讀不出其中深意的。

我雖然是大阪人，但並沒有批評京都的意思。或許這跟實際上的京都人有所出入，但他們確實給人這種印象。能夠將眞心話和場面話活用到這種程度，令人不得不佩服京都人高超的溝通能力。

京都算是比較極端的例子，**在大人的世界中，溝通本來就有表裏之分，也就是場面話和真心話**。

不過，一天到晚說場面話是很累人的。大概是因為這個原因，「毒舌藝人」都非常受歡迎。以前的毒蝮三太夫、北野武、綾小路君麻呂，都是懂得用「毒舌吐眞言」的稀世之才，常逗得觀衆哈哈大笑。現在電視上也愈來愈多「毒舌藝人」，像是貴婦松子、高嶋知佐子、坂上忍、第六代神田伯山等，都憑著辛辣的眞心言論，在日本擁有超高人氣。

■崛江貴文為什麼擁有這麼多鐵粉？

要說誰是商業作家界的「毒舌王」，那就非崛江貴文莫屬了。

崛江貴文曾說：**「談工作價值太過矯情，賺到手裡的錢才是真的！」**商界很注重表裏，而崛江憑著這種辛辣的眞心論調，在商界闖出一片天。

在我知道的人物中，人氣最長紅的「毒舌家」就是崛江貴文。

崛江貴文於二〇〇三年至二〇一九年共出了一百零二本書。我用文字探勘法（Text Mining，一種探查文字列之傾向和特色的技術）分析了這些書的書名和書腰內容，彙整出以下三個特色。

第一，**出現最多的是「不」、「沒有」、「無」等否定字眼，且次數大勝其他詞彙**。

書腰上的句子有「除了巧妙運用時間別無他法！」（摘自《崛江貴文的人生論》〈崛江貴文　人生論〉）、「時間無法造福蠢蛋！」（摘自《時間革命：你的人生不准浪費任何一秒鐘！》〈時間革命　1秒もムダに生きるな〉）……等；書名則有《培養突破力，被人討厭也不怕！》〈嫌われることを恐れない突破力！〉、《眞心話暢活人生：一秒都不後悔的超強生存法則》〈本音で生きる　一秒も後悔しない強い生き方，台灣爲八方出版）。

第二，**多次使用跟金錢有關的詞彙，像是「錢」（十六次）、「賺錢」（十次）、「有錢人」（六次）……等**。

我查詢了日本國會圖書館的館藏書籍，發現從二〇〇〇年到二〇一九年這二十年所出版的書籍中，有四千六百二十一本書的書名含有「錢」，八百七十一本含有「賺

崛江貴文的書名常用詞彙

詞彙	出現次數
不、別、沒有、無	46
崛衛門	36
工作	21
時代	18
崛江貴文	18
錢	16
人生	16
落差	15
生存	14
思考	12
日本	12
時間	11
生存之道	11
賺錢	10
成功	10
改變	10

錢」，七百九十本含有「有錢人」。

另外，有一萬二千六百二十六本書的書名含有「工作」（二十一次），一萬四千八百六十六本含有「人生」（十六次）。

「金錢」相關書籍是崛江所擅長的領域；但就市面上的書來看，寫「工作」和「人生」的作者遠比寫「金錢」的多。

第三，**多次出現負面詞彙，像是「蠢蛋」（五次）、「討厭」（五次）、「白白送死」（二次）……等。**

《蠢蛋最強法則：看漫畫學習「丑島君×崛衛門」的勝利工作術》

（バカは最強の法則　まんがでわかる「ウシジマ君×ホリエモン」負けない働き方）中的「蠢蛋」屬於正面的意思。其他像是《別跟蠢蛋來往》（バカとつき合うな）、《給我把錢花光光！存錢的蠢蛋沒飯吃》（あり金は全部使え　貯めるバカほど貧しくなる），都屬於負面的用法。「說眞話」一直是崛江的特色，以他那口無遮攔的說話方式，出現個幾次「蠢蛋」自然沒有什麼好奇怪的。

這種別人模仿不來的用詞風格，正是崛江的「魅力」所在，也是他擁有衆多鐵粉的原因。

看到這裡，你是不是有些驚訝呢？爲什麼「眞話」會使人爲之瘋狂？這就要說到心理學家弗里茨・海德（Fritz Heider）所提出的人際關係的原理之一——「平衡理論」了。

15

【平衡理論】Balance theory

當人際關係超過三個人，三者之間就會設法保持平衡。

◎具體範例

假設A跟B在聊某個對象（X）。

當A跟B都認為X「很好（＋）」，A跟B就會交好。同樣地，當A跟B都覺得X「不好（－）」，雙方也會交好。但是，如果A認為X很好，B認為X不好，雙方就會交惡。

若A想跟B當好朋友，就只能改變自身的想法，又或是改變B的想法。

平衡理論的有趣之處在於，無論是A與B都認為「好（＋）」，還是都認為「不好（－）」，雙方都能交好。

平衡理論

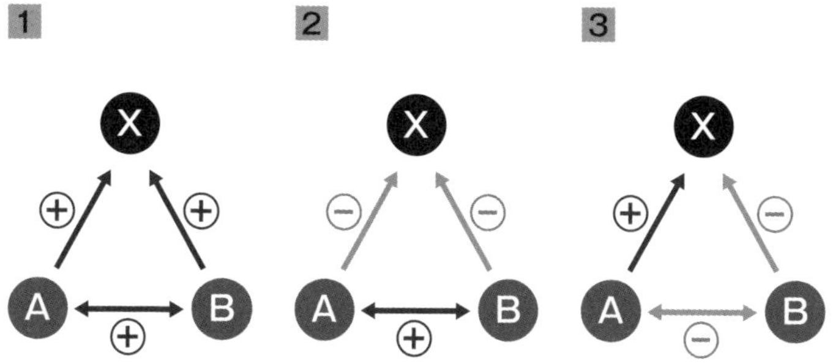

假設 A 跟 B 有同樣討厭的藝人、電影、棒球隊，只要一起說該對象的「壞話」，就能建立良好的關係，成爲氣味相投的好友。

有句話說的一點都沒錯，**「愛的反面不是恨，而是漠不關心」**。就「感興趣」的角度而言，「喜歡」與「討厭」其實是一體兩面；若是漠不關心，自然也沒有什麼「好（＋）」或「不好（－）」可言。

相反地，如果在某人的「粉絲（＋）」面前「批評（－）」某人，很可能會因此引發衝突。大人很清楚這個道理，所以常常會以祕密的形式，在私底下一起批評某些人事物。

不過，崛江並非在背地裡說人壞話，而是公然高談闊論，「好的（＋）」也講，「不好的（－）」也講。他經常攻擊、批評某些對象，這聽在那些同樣「不喜歡

（一）」的人的耳裡，簡直要爽翻天了。他的好惡分明吸引了一票死忠粉絲。

你有沒有在聽了別人「批評」、「攻擊」一些人事物後，成爲對方的粉絲的經驗呢？

掌權者爲了打破傳統、創造成功，有時也必須攻擊不懂得變通的保守人士。就「平衡理論」的角度而言，這是引發民眾共鳴的最佳方法。

■牛郎之神羅蘭和崛江貴文的共通之處

崛江雖然擁有眾多粉絲，但也有不少人認爲他講話太過辛辣，給人一種「自以爲是」、「目中無人」的感覺。

在「隨煩惱」中，有一種名爲「憍」的煩惱，也就是驕傲之惡心，一種**「自以為優於他人，對己身過於執著的心態」**。

看到這裡，應該有讀者心想：「這不就是在說崛江貴文嗎？」但我不這麼認爲。

我看過他寫的好幾本作品，內容都在鼓勵大家努力向上、獲取成功，想必他自身也是一路努力至今。

如果他不努力，怎麼可能一年出超過十本書？光憑這一點，就能看出崛江絕非單純的驕傲之徒。

牛郎之神——羅蘭（Roland）也是一樣，他的高人氣，也是憑藉著過人的努力累積而成的。

羅蘭有「牛郎界帝王」之稱。他所付出的努力，大概不是一般人能想像的。羅蘭知道該如何討所有人歡心，也正是因爲這份「自信」，他才能夠發揮出超群的溝通交流能力。

羅蘭有句名言：「這個世界上只有兩種男人，我，和我以外的。」他用一層層的努力累積出高度自信，在自信的襯托下，這句話從他嘴裡說出來才如此有說服力。

同樣一句話，為什麼每個人說起來的感覺完全不同呢？由此可見，我們是基於「由誰來說」來進行判斷，而非根據說話內容。換句話說，大眾講究的不是說話的內容與意義，而是說話的人。

■成功人士特有的「惡魔般的說服力」

爲什麼崛江經常罵別人「蠢蛋」、批評那些不懂得變通的人，大家還是願意買帳呢？因爲他是出色的企業家，在演藝圈的發展也非常成功，**通常像這種成功人士所說的話，民眾都認為有一聽的價值**。

羅蘭也是同樣道理。即便羅蘭經常說些奇妙的話，民衆也會認爲：像他這種被譽爲「新宿歌舞伎町帝王」的牛郎界菁英，肯定在待客方面有過人之處，才會說出那些話。

不過，有些人不以成功人士爲尊，反而認爲失敗者的發言較有參考價值。因爲他們很清楚人有**「倖存者偏誤」**，不是只有成功人士說的話才是對的。

16

【倖存者偏誤】Survivorship bias

在評定某件特定的事情或方法時，我們常會因為失敗案例沒有留下紀錄，又或是沒有注意到失敗之處，導致只評定到成功案例。人們將重點放在倖存者說的話，而「死者」終有一天會遭到遺忘，彷彿從來不存在似的。

◎具體範例

《日本經濟新聞》的知名連載專欄〈我的履歷表〉（私の履歴書）內容相當有趣，但裡面介紹的都是「倖存者」，即便你照著他們的方法行動，也不一定能夠成功。考慮到特殊因素或發生偶然的可能性，實在是很難做得跟他們一樣好。很多人秉持著挑戰精神，模仿知名經營者的做法，最後都以失敗收場，甚至從此一蹶不振。

在「倖存者偏誤」的影響下，人們才會覺得這些成功人士說起話來特別具有說服力。但要注意的是，這也不代表他們的說法不可信。我們不必因爲他們是「倖存者」就掩耳不聽，**也應該聽聽倖存者的說法**。

大家在看崛江和羅蘭這種「成功人士」時，很容易只看到他們成功的一面，進而忽略他們過程中的辛勞與努力。**這就是前面所提到的「結果偏誤」**，很多人甚至會**認為這些人是與生俱來的天才，覺得自己永遠比不上他們，還沒嘗試就先宣布放棄**，不免令人感到有些可惜。

在我看來，崛江和羅蘭擅於製造共同「敵人」，引發他人共鳴，與粉絲沆瀣一氣。不僅如此，他們刻意向世人展現高超技術，彷彿在強調「你們這些膽小鬼是模仿不來的」，藉此提升自身的「權威」。

人本就對「權威」沒有抵抗力，面對「成功人士」的權威更是如此，很容易屈服於其權威之下，對他們言聽計從。成功人士特有的「惡魔般的說服力」，正是源於他們本身的成功。

所以，最後還是得**「努力做出成果」**——我想，這六個字已說明了一切。

人類的黑暗面：「偷懶心理」

■「三種神器」大受歡迎的原因

一九五〇年代後期，日本開始宣傳「三種神器」，也就是二次大戰結束後的新生活必需品——黑白電視、洗衣機、電冰箱。

根據日本內閣府[1]所做的消費動向調查，一九五七年到一九七五年，日本各種家電的普及率變化如左圖。當初開始宣傳「三種神器」時，這些電器的普及率還不到二〇%。

一九五四年日本經濟復甦，整體經濟急速起飛，「三種神器」不再只是「夢想清單」，**只要肯努力工作，就一定可以擁有**。

1　日本中央行政機關之一，功能類似行政院。

「三種神器」的普及率

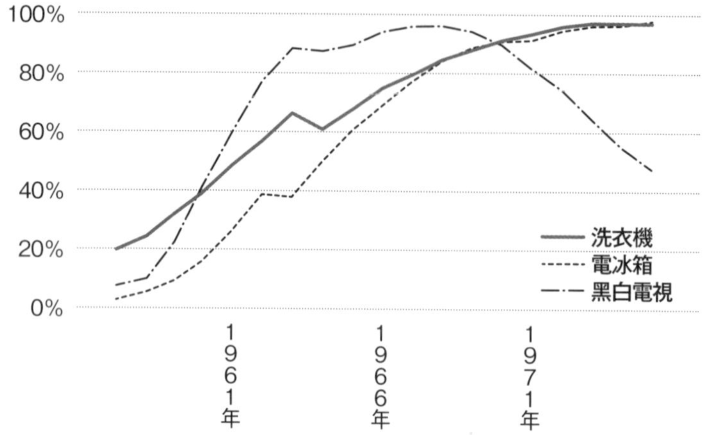

出處：日本內閣府「消費動向調查」

隨著時代變遷，到了一九六〇年代後期，社會上出現了「新三種神器」，也就是彩色電視、冷氣機、汽車這三種消費性耐久財。「新三種神器」雖然不如「舊三種神器」普及，但普及率也是慢慢攀升，於二十年後超過五〇％，三十年後突破七〇％大關。

在當時那個時代，**「減少家事（洗衣煮飯）負擔」**、**「增加生活的舒適度」**已成爲消費者的顯性需求。

也因爲這個原因，當時的商品開發方向非常明確。各家企業爲了提升商品的競爭力，個個拿出本領來壓低零件成本、提升產量，以成本和產量來一較高低。

日本泡沫經濟到達巔峰並破滅後，開始

「新三種神器」的普及率

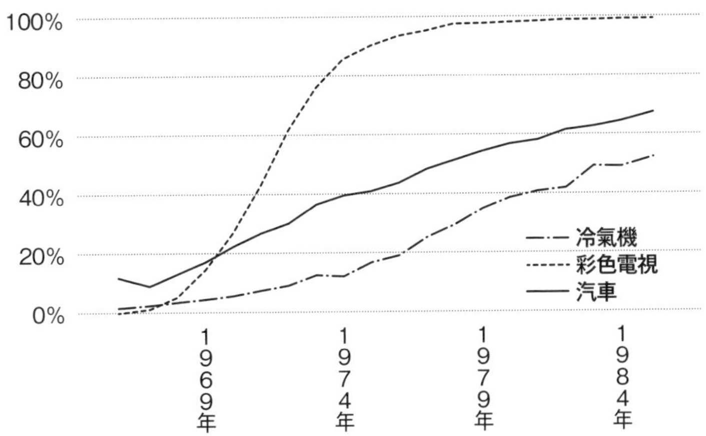

出處：日本內閣府「消費動向調查」

出現「消費者的需求已幾乎獲得滿足」這種說法。也就是說，當時的消費者需求已不如以前明確，廠商只能靠功能和價格之外的要素來與他牌競爭。

在這樣蕭條的時代中，還是有不少消費性耐久財快速普及，像是九〇年代的「免治馬桶」、「個人電腦」、「手機」，以及二〇〇〇年代的「智慧型手機」……等。

■捨易取難的「老頑固」

然而，有些消費性耐久財雖然市場上有需求、有人表示需要，卻一直無法打入市場；「洗碗機」就是典型的例子。

「數位機器、洗碗機等」的普及率

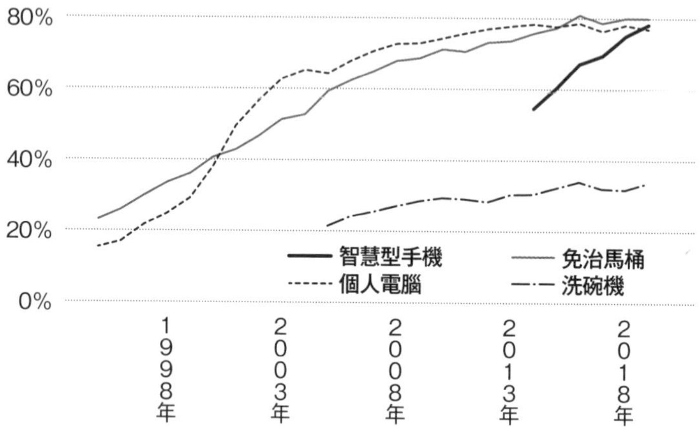

出處：日本內閣府「消費動向調查」

如上圖所示，洗碗機的普及率還不滿四○%，並不算普及，跟智慧型手機比起來可說是天差地別。讓機器幫忙洗碗不是很「輕鬆」嗎？爲什麼洗碗機就是普及不起來呢？

根據松下電器於二○一五年七月發布的新聞稿，消費者未購入洗碗機的最大原因是「廚房沒有地方放」。這我可以理解，畢竟以前的住家設計並沒有「洗碗機」這個概念。

其他原因還有**「感覺很奢侈」**、**「我很想買，但擔心老公跟婆婆會說話」**、**「家人不肯」**……等。這引發了我的高度興趣，原來「輕鬆」對某些人而言並非好事。

■人人都有「懷舊病」

人記憶中的「過去」不一定與當初相同。各位是否有這樣的經驗呢？當你建議某些人比較輕鬆的做事方法時，他們不惜扭曲記憶也要反駁你：**「這又沒多辛苦！」**、**「我也是這樣苦過來的！（所以你也要跟我一樣吃苦）」**。如果婆婆是這樣的人，那眞的是有夠倒霉。

有一種心理傾向叫做**「玫瑰追憶」**。

17

【玫瑰追憶】Rosy Retrospection

去除過往不需要的記憶（痛苦負面的事），只記得好的一面。

◎**具體範例**

常有人在勸架時說「時間會沖淡一切」，就是因為「玫瑰追憶」。我們會隨著時間忘卻不好的回憶，參加同學會時，大家可以聊往事聊得那麼開心，就是因為這個道理。

在「玫瑰追憶」的影響下，人們不會記得洗碗是多麼累人的麻煩事，只會記得家人相聚的快樂回憶，對做菜、洗碗抱持正面評價。

再加上洗碗是每天例行的工作，這會使我們低估一件事的辛勞。這種現象又稱爲**「熟悉路線效應」**。

18

【熟悉路線效應】Well travelled road effect

低估走熟悉路線的所需時間，並高估走不熟悉路線的所需時間。在評估活動所需勞力時也是一樣，低估熟悉活動的所需勞力，並高估初次活動所需要的勞力。

◎具體範例

不知道各位是否有過這樣的經驗呢？做完一件從未做過的事情後，才發現自己當初預留的時間太多了；以為自己半天就能做完一件做過好幾次的事情，最後卻花了整整一天。此外，明明是同一條路，走了好幾次後，為什麼會覺得「所需時間變短了」呢？其實花費的時間並沒有差多少，只是你一開始在偏誤的影響下高估了所需時間，又或是你在習慣路線後走得比較快罷了。

洗了幾十年的碗，自然就會認爲：**「不就洗一下碗而已？何必花大錢買洗碗機？**

又沒省下多少力！」

在「玫瑰追憶」和「熟悉路線效應」的雙重影響下，人們很**容易受限於「過去的成功」**。泡沫經濟破滅後，日本經濟長期停滯，這段時間甚至被稱爲「失落的三十年」。有許多專家指出，這是因爲日本人受限於經濟高度成長期、泡沫經濟的成功經驗，不願去習慣新技術和服務所造成的結果。

這樣的問題也反映在世代隔閡上。

現在的年輕人覺得上一代的人受到過去成功經驗的束縛，而不作爲、怠慢，現在都已經是令和時代了，很多公司卻還瀰漫著「昭和時代的價值觀」，也難怪年輕人會對此發難。

不只日本企業，日本整體社會都**將「避免不必要的辛勞」、「採用輕鬆的方式」視為「惡」**，並**將「堅忍不拔」和「親力親為」視為「善」**、視爲「美德」。

然而，這樣的想法卻被「黑心企業」反向利用，作爲「洗腦員工」的手法。**像這種「違反勞基法，用不合理的薪水逼員工長時間工作」的做法，真的是「善」嗎？**

若不幸身陷這種工作環境，甚至可能對生命產生危害，何來的「善」可言？隨著狀況不同，「努力工作」的美德也可能淪爲邪惡的念頭與教義。

「輕鬆」與「方便」雖然乍看之下或許跟「偷懶」與「懈怠」差不多；但其實，**不盡全力、減少手續，不僅能讓事情做起來更有效率，還能保留體力做其他事**，這何嘗不是一種「善」呢？

近來常有專家指出：日本經濟有整體生產力低落的問題。如果我們只是長時間拚命工作，也不管效率好壞，是永遠都無法提升生產力的。

與其用這種方式，倒不如跟隨潛藏在內心中的「懶惰惡魔」，適當休息、改善工作方式，才能夠從「事倍功半」轉爲「事半功倍」，提升生產力與工作效率。

■「怠惰」乃創新之母

日本近幾年「男女平等」的問題已改善不少，如今有愈來愈多的女性在社會上打拚，也很少聽到「男主外女主內」這種話了。但是，還是有很多家庭是由「媽媽」準備孩子的便當。

當然，這件事本身並無不好。有些媽媽都喜歡把漂亮的便當照上傳到ＩＧ上，甚至還出了專業教學書。

不過，目前日本大多是雙薪家庭，不少媽媽一想到明天的便當菜就一個頭兩個大。在這樣的情況下，想偷個懶也是人之常情，只要把飯添進便當盒，冷凍食品放一放，簡單的「懶人便當」就完成了。

然而，很多媽媽覺得只放冷凍食品很對不起小孩，所以至少都會放一道手工菜。晚餐也是一樣，因爲不好意思讓家人吃外面賣的熟食，所以硬要親手煮一鍋味噌湯。

我從事市場行銷調查時發現，很多負責家事的民眾都抱有這種「愧疚」感。

爲什麼這麼多人都有這種「至少要做一道菜」的想法呢？**因為絕大多數的人都認為，「費工費時」才代表「認真有愛」**。

但正如前面提到的，這種不論是非、只以付出爲善的想法，跟那些價值觀老舊的企業、黑心企業並無兩樣。

一般企業若追求高生產力，只會得到世人的稱讚，比方說，用資訊科技快速製作文件，取代手寫資料……等。然而，同樣的狀況若換成家庭，卻會引來各種批評。

近來「家事外包服務」在日本蔚爲一股潮流，讓我深深感受到**「怠惰是創新之源」**的道理。

二〇一九年十二月，日本最大規模外送服務「出前館」爲推動「化外送爲日常」，請來搞笑團體 Dawn Town 的濱田雅功擔任「CDO（Chief Demae Officer，外送長，Demae 爲日文「外送」之意）」，推出「#偶爾叫外送也不錯啊！」活動，引發了民衆熱議。

出前館表示：隨著愈來愈多女性投入職場，日本的「雙薪家庭數」於二〇一八年創下最高紀錄；然而在這樣的環境下，絕大多數的日本家庭仍崇尚「自己煮義」，所以才推出這個活動，希望能改變社會狀況。

在電視廣告中，濱田 CDO 對忙碌的媽媽和年輕上班族說：「偶爾叫外送也不錯啊！」、「常聽人家說廢寢忘食努力工作，但這樣眞的有力氣努力嗎？」令人印象深刻。

在我看來，能夠用輕鬆的方式取得好結果，是再好不過的事，如果叫外送可以輕鬆吃到美食，何樂而不爲呢？

之後，LINE於三月二十六日出資三百億圓與出前館簽約。外送產業迅速擴張，餐廳只要準備外帶包裝盒，即可與外送平台合作。

二〇一六年，優食（Uber Eats）進軍日本，外送平台市場瞬間擴大。在新冠疫情之下，外送產業不僅拯救了窮途末路的餐飲業者，也幫助了那些在家工作、不方便出門的上班族，不禁讓人大呼：「外送平台實在太神啦！」

問題來了！如果雙薪家庭的夫妻沒時間做家事，**為了縮短家事時間而買了掃地機器人和有烘乾功能的洗衣機、洗碗機，這樣究竟是「偷懶不做家事」，還是「創造更多時間的聰明選擇」呢？**

就現實而言，目前日本人對「輕鬆享樂」還是不太能接受。這件事告訴我們，在創造「狂熱」時，不能一味關注「煩惱」，還要考慮到消費者能不能接受「煩惱」，在他們能接受的範圍內鼓勵「偷懶」。

看到這裡一定有人覺得，消費者怎麼那麼難搞啊？到底是想要輕鬆還是吃苦？但別忘了，這種「難搞」的態度，正是人性的精華所在。

為何大家都愛「人渣」？

■「開司」風潮

現在年輕男性最喜歡的三部漫畫，前幾名應該是《鬼滅之刃》、《王者天下》、《航海王》、《進擊的巨人》、《約定的夢幻島》、《我的英雄學院》等作品。這幾部都是非常受歡迎的漫畫，我本人也愛不釋手。但除了這些，我還想特別補上另外一部人氣作品——《賭博默示錄》。

《賭博默示錄》算是比較舊的漫畫，它從一九九六年開始連載，但最近又發表了新系列，並於二〇二〇年一月推出最新電影。除此之外，《賭博默示錄》還出了電視動畫、柏青哥機台，在日本可說是無人不知無人不曉的作品。主角為了在賭局中贏得高額獎金，不惜賭上自己的人生，這樣的劇情深深吸引了讀者。

說到《賭博默示錄》的著名情節，很多人都會想到開司喝完冰啤酒後大叫：

「啊～透心涼喝了就是爽！太罪惡啦！」的場景，甚至有搞笑藝人以該場景為搞笑哏。

其實，「太罪惡了！」是藤原龍也主演的電影版的原創台詞；漫畫裡說的是：「太犯罪了！」

雖說「罪惡」跟「犯罪」的意思沒差多少，但「太罪惡了」這句話紅透了全日本，導致藤原龍也只要跟朋友去居酒屋，就會被要求重現這個著名場景。只能說，這台詞修得太好了！

開司的全名為伊藤開司，他是什麼樣的人呢？說得極端一點，**就是個自甘墮落的懶蟲，也是個奇妙的「人渣型英雄」**。

一般少年漫畫的主角，都是耿直率性且充滿理想的熱血男子，真誠地對待身邊的人，為達成目標努力不懈。像《鬼滅之刃》中的「竈門炭治郎」，又或是《王者天下》中的「李信」，都屬於這類角色，他們跟《賭博默示錄》中的開司簡直是天壤之別，個性完全相反。

但其實，仔細觀察你會發現，開司在賭局中雖然一副「聽天由命」的態度，但每次都運用「惡魔般的智慧」找出「必勝方法」。他擁有與生俱來的「超級好運」，就連狡猾的強敵也得敬他三分，每次遇到逆境，他都能夠提起「勇氣」、發揮「洞察力」披荊斬棘。就某層意義而言，開司實在是不可多得的人才。

《賭博默示錄》最大的吸引力，在於它那令人印象深刻的台詞。

人氣漫畫基本上都創造了許多名言，像是《鬼滅之刃》中的**「別讓他人掌握你的生殺大權！別悲慘地向他人跪地求饒！」**，這句話讓《鬼滅之刃》一躍成爲超高人氣漫畫。

如果說，《鬼滅之刃》的台詞是肯定人類善意的「光明」，《賭博默示錄》就是讓人無法忽視的「黑暗」，將人類的醜惡與惡意赤裸裸地呈現出來。

「不是從明天開始努力……是……是只努力今天……！只有今天努力過的人……從今天就開始努力的人……才能擁有明天！」

「必須贏……敗者下場悽涼乃天經地義……輸了就會淪為別人的養分……」

「那些人的眼中沒有希望。雖然這樣說很難聽，但他們是不折不扣的人渣……

不是因為他們輸掉賭局，而是他們不願追求希望……」

（摘錄自《賭博默示錄》、《賭博破戒錄》）

《賭博默示錄》的魅力就在於其對「人心黑暗面」的描寫。就某層意義而言，主角與其說是「英雄」，更適合說是「人渣」，這也是讀者在《鬼滅之刃》中無法看到的。

當藤原龍也確定飾演《賭博默示錄》電影版的主角時，大家都很好奇他能將主角的「渣」還原到什麼程度，而最後的成品並沒有令觀眾失望。

■《The Nonfiction》所引發的共鳴

《賭博默示錄》一開始將開司描寫成一個自甘墮落之徒，每天泡柏青哥，用便宜的劣酒買醉，醉了就在滿地垃圾的房間裡呼呼大睡。

他自己過得不好就算了，還將鬱悶的心情發洩在停車場裡的名車上，經常因爲損壞和竊盜等輕罪出入警察局，是個標準的社會敗類。漫畫中用**「對社會沒貢獻就算了，還扯別人後腿」**來形容開司的「渣」。

有些人因爲生活不如意而加入幫派，又或是犯下重罪，但伊藤開司沒種這麼做。簡單來說，他就是個不願意腳踏實地的人。

像他這種人，居然有臉跟別人說**「我一定可以東山再起」**、**「我只是沒有拿出真本事」**，還以此作爲說服自己的藉口。只能說，這個主角眞的是沒救了。

不僅如此，他還是個半調子的爛好人，做事欠缺考慮，居然幫朋友當借款保人，莫名其妙欠了一屁股債，最後被人拉進違法的賭博世界，就此展開《賭博默示錄》的一系列故事。

如果你沒看過《賭博默示錄》，不清楚伊藤開司是什麼樣的角色，那我可以告訴你，他就是那種會在《The Nonfiction》（ザ・ノンフィクション）出現的人。

《The Nonfiction》是日本富士電視台的紀錄片節目，專門介紹一些爲了生活而努力奮鬥的市井小民，至今多次獲得紀錄片相關獎項的肯定，有許多藝人都公開表示自己是該節目的忠實觀衆。

裡面的出場人物，大多都是身體有殘缺，又或是經濟弱勢。該節目介紹他們於逆境中力爭上游的眞實故事，在各界都擁有大批粉絲。

這些人不畏艱難，奮發圖強，堅持前進。我有好幾次在節目中看到他們好不容易反敗爲勝，卻又再次跌入絕境，實在令人心痛不已。

《The Nonfiction》、《賭博默示錄》裡所描寫的人物，都不是「人生勝利組」，也不是「學者專家」，更不是「成功的創業人士」，呈現出與另一個日本節目《情熱大陸》截然不同的世界。

這些人是社會上的「失敗組」。看在觀衆和讀者的眼中，很多時候都是他們的自作自受，盡做些自討苦吃的行爲。

既然如此，爲什麼還這麼多人喜歡看《賭博默示錄》和《The Nonfiction》呢？是不是比起「人生勝利組」、「上流菁英」，大家對「失敗組」、「人渣」更感到熟悉親近呢？

對出場人物感到親近，是一種名爲**「相似性」**的心理現象。

19

【相似性】Similarity

人在遇到環境、外貌、態度跟自己類似的夥伴時，較容易心生好感，建立良好的人際關係。「相似」的程度是相對的，比方說，在異國遇到國人，會產生對方跟自己「同為一國人」的親近感，這是在自己國家感受不到的。

◎具體範例

甲對乙說：「我報名了健身房課程，但只有一開始的三分鐘熱度。」這時乙若回答：「我也是吔！」兩人的距離就會迅速拉近，對彼此感到親近。

「相似性」不只可用在私人領域，如果客戶對你抱怨他們公司行銷人手不足，這時你若回答：「A 公司也是，但自從使用 B 公司的服務以後，人手就沒那麼緊繃了。」對方就可能會對 B 公司感到親近。

世界上沒有人是完美無瑕的，**每個人至少都有一、兩件不可告人的「渣事」，像是「在外光鮮亮麗，在家髒亂邋遢」、「劈腿多人」、「喜歡賭博，經常翹班打電動」……等，但對外還是「扮演」認真負責的上班族——這就是人類的真面目**。

因此，只要有人暴露出「廢渣」或「卑劣」的一面，就能引發大多人的共鳴，贏得親近感。

相反地，人們在面對「菁英」、「完人」、「成功人士」時，會覺得對方太完美、太能幹，「跟我不一樣」、很難親近。

別人的優秀會讓我們注意到自己的缺點與不完美，進而感到羞恥和自卑。

你或許會崇拜「跟自己不同的人」，但很難對他們產生親近感。

而「廢渣」則和「完人」完全相反，**能讓人產生「這個人跟我一樣，而且比我更爛」的想法，這種特徵愈明顯，愈是招人喜愛**。

像高田純次、蛭子能收等人的「無力歐吉桑」這種「廢渣人設」，就是相當好懂的例子。這些人跟「努力」、「節制」、「修行」等詞完全扯不上邊，卻非常受到大眾喜愛。

在現實當中，渾身缺點、不夠完美的人才招人喜愛。

日本將江頭 2:50、出川哲朗這類搞笑藝人稱爲「骯髒藝人」。「骯髒藝人」原本的意思其實不是很正面，維基百科對「骯髒藝人」的解釋爲：「多使用開黃腔、拿手絕活等容易引人發笑的哏」、「比起演藝事業更注重副業」、「沒什麼特殊才藝，光會搞人情世故」。

不過，最近江頭當起了 Youtuber，頻道開沒多久訂閱人數就突破一百萬大關，人氣可見一斑；出川哲朗在搞笑界也是平步青雲，拍了許多電視廣告。

你也想要成爲人氣王嗎？不要再炫耀「學歷」、「財力」跟「地位」了，表現出「眞實自我」，讓大家知道你「跟他們一樣爛」，可能還比較有效果喔！

■你我有一半是廢渣？

「美德」是驅動人類建構文明的力量，努力精進自我、提升自我層次的精神令人敬佩。

但在茫茫人海之中，還是有人好吃懶做。耳提面命地叫人好好做事、認眞工作是沒有意義的，因爲人類本質天生如此。

因此，若遇到那些不到學校念書、不到公司工作、喝酒吸菸、賭博嫖妓的人，**不用高聲批評他們的軟爛人生，一個苦笑帶過才是明智的做法，告訴自己：「這也是無可厚非，畢竟他們是人啊。」**

日本關西方言有句話叫「しゃーない」，意思是「就沒辦法啊！能怎麼辦？」，硬翻成英文的話，就是「Let it be」。在人生路上栽跟頭，若能用「就沒辦法啊！能怎麼辦？」這種雲淡風輕的態度帶過，就某個層面而言，其實還滿「賢者」的。

已去世的知名落語家——第七代立川談志老師用「肯定業障」一詞，來稱呼這種將人類的「軟、爛、廢、渣」昇華爲笑點的搞笑功夫。

在創立立川流前，我將這種方式稱爲「肯定業障」。這個詞是我無意間想到的，之後便沿用了下來。落語中的登場人物都很清楚，世間所奉行的「父慈子孝」、「勤勉不懈」、「夫妻之間互敬互愛」、「努力必有回報」其實都是謊言。人類是很脆弱的，我們不想工作、只想喝完酒就呼呼大睡、無視師長的叮嚀不肯好好念書、發起怒來六親不認、有些事情不是你努力想做就能做到的——人就是這種生物。落語承認了人類的脆弱，這是一種對業障的肯定。

（摘錄自《人生趨勢》〔人生成り行き〕一書）

當然，「脆弱」與「懦弱」是人類的本質，「努力工作」、「用功念書」也是人類的本質，但像這種光鮮亮麗的一面，只占了人類的五〇%。

另外五〇%則是由「軟、爛、廢、渣」所構成。世間不斷告訴我們「人類必須認眞工作」、「人類必須努力向前」，但軟爛廢渣的這一面，卻讓我們無法理解這些「常規」。

「女生就應該這樣」、「爲人父母就應該那樣」……，對一般人而言，「常規」無疑是一種重擔。說來遺憾，現實社會永遠把這些「常識」擺第一，強迫世人活在常識的框架下，壓得我們喘不過氣來。

談志老師所說的「肯定業障」，其實是一種說書的表演技能結構，就跟前面提到的「骯髒藝人」一樣，都是將人類軟爛廢渣的一面呈現出來，讓觀眾產生「親近」的感覺。

夏目漱石曾在小說中寫到：**「逞智則漏鋒芒，溺情則隨波流，堅持則徒末路，只能說人世居住大不易。」**看來無論古今中外，社會的本質都是差不多的。

在這令人窒息的社會中，人們更容易對「個性豪放」、「不拘泥小節」、「散發親近感」的人產生好感。

《賭博默示錄》的故事結構和人物設定就是很好的例子。爲什麼人們比起那些「優秀完美」的主角所譜出的故事，更愛開司這種「瑕疵百出」的脆弱情節呢？這就是答案。

■凡人竟能勝過天才？

看到這裡，相信大家都應該明白《賭博默示錄》中的伊藤開司有多廢、多渣了吧？在本章的最後，我想跟大家聊聊這部漫畫。

《賭博默示錄》出自福本伸行老師之手，整部作品充滿了老師特有的「辛辣」，像是高空橫渡鋼筋、以耳朵爲賭注……，都不是常人想得出來的設定。作品中，弱小的主角屢屢在賭局中打敗強敵，這有點類似水戶黃門的關鍵情節，不但細節描寫得引人入勝，故事的發展更是令人熱血沸騰。

主角的敵人「利根川」、「一條」等人，個個都有權有勢、聰明絕頂。像他們這樣的人，爲什麼會輸給開司這種軟爛廢渣呢？

當然，答案絕非「主角光環」。開司屬於緊急時刻突然開竅的類型，經常在關鍵時刻靈光一現，靠機智贏得勝利。

《賭博默示錄》中的賭局可說是窮凶極惡，既無情又殘忍，光靠「高學歷」和「聰明」是絕對無法過關的。

話說，我們經常把「聰明」兩個字掛在嘴邊，但如果問起「聰明」的定義，大多人肯定都是支支吾吾，說不出來。

最近常有電視節目吹捧「東京大學」這個名校品牌，但很多人不知道，「聰明的天才」通常眼界較爲狹隘，也就是所謂的**「職業形變」**。

20

【職業形變】Professional deformation

只從自己擅長的領域角度觀察事物，有人將這樣的現象稱之為「職業盲目」。

◎具體範例

傳染病專家在談論如何面對新冠疫情時，通常不會特別提到疫情對經濟的危害。相反地，經濟學家在討論相關議題時，也不會提到疫情擴大的影響。大多「學者專家」聊到自家專業都是信心十足，卻經常對其他領域做出淺薄的評論。很少人

能夠顧慮到所有面向，做出不偏頗的發言。

這個偏誤告訴我們，「聰明」並非萬能，過於專業有時反而會弄巧成拙。當菁英沉溺於自己的優秀，視野就會縮小，甚至變得盲目。

《賭博默示錄》中，主角開司之所以能贏過「利根川」、「一條」等強敵，就是因爲他抓住了這些人的「傲慢」心理。

開司負債累累，長年在社會底層徘徊，除了生命，他沒有什麼好失去的，**所以才能夠放手一搏，抓住那些有權有勢又有錢的「菁英」的痛腳**。

從「利根川」的「皇帝牌」（E-Card）規則中，我們也能看到這層「潛藏在表面下的眞實力量」。「皇帝牌」的規則非常簡單，每個人手持五張牌，各出一張牌較強的一方爲勝。

牌面有「皇帝」、「平民」、「奴隸」三種；値得注目的是，最弱的奴隸牌可吃掉最強的皇帝牌。

表面上，「聰明優秀、有錢有勢」的人是最強的；但「跌到谷底、沒有東西可失去」的軟爛廢渣，卻能反將「優秀的皇帝」一軍。

我們總是怨嘆自己的境遇，用「因爲我很笨」、「因爲我長得很醜」、「因爲我很窮」……等理由，作爲自己無法達成目的的藉口。但仔細想想，這些說法並不合理，因爲只要拿出「用盡全力設法達成目的」的堅強意志力，任何情況都能化險爲夷。而《賭博默示錄》說的，就是這樣的故事。

前面提到「社會上的強者反而難招人喜愛」這種心理現象。事實上，長相、地位、名聲、金錢等，都只是構成現狀的要素，我們無法輕易訂出其價值與意義。

對某些人而言，「聰明」可能會帶來不幸，「漂亮」可能會引來危險，這種例子在現實中不勝枚舉。我們不知道當下這些要素是利是弊、手上的牌卡是好是壞，在意這些對贏得賭局並無幫助。

與其怨天尤人，倒不如坦然接受，把手上的好牌壞牌全作爲自己的武器，「肯定自己的業障」，才能找出狙擊「皇帝」的祕法。

《賭博默示錄》之所以能獲得讀者的喜愛，就是因爲它的故事眞實地呈現出人類的本質。

正如開司所說的：「好想贏喔……不對！是一定要贏！」**只要你願意肯定現狀，一定能發揮出足以顛覆手中條件的絕大力量！**

第4章

言語能矇騙人心

童話

浦島太郎

很久很久以前的某個村落，住了一個名叫浦島太郎的漁夫與一位年事已高的老太太。

一天，浦島太郎在海邊救了一隻被一群小孩用木棒欺負的海龜，並把牠放回海中。

一段日子後，浦島太郎到海邊釣魚。一隻巨大的海龜來向他道謝，說要帶他去海中龍宮，以報答他的救命之恩。

到了龍宮後，貌美如花的乙姬娘娘非常歡迎浦島太郎的到來，每天安排歌舞美食宴請他。

浦島太郎每天都過著快樂似神仙的生活。但過了幾天後，他開始擔心一個人留在村裡的老太太，因而一天比一天消沉。

乙姬娘娘發現浦島太郎的異狀，決定讓他回到村落，並交給他一個寶盒，囑咐他：「千萬不可打開。」

浦島騎著海龜上岸後，發現他家變得跟以前不一樣了，就連村子的景色也變了很多，村子裡盡是他不認識的人。

原來，海中龍宮的幾天，等於岸上的幾十年。
不知道該如何是好的浦島太郎，決定打開乙姬娘娘給他的寶盒。
打開後，盒中冒出一陣白煙，把浦島太郎變成了一個滿臉白鬍的老爺爺。

當初我看到這個故事，只覺得乙姬娘娘的人品大有問題。她招待浦島太郎，千方百計獲取他的信任，最後居然給了他一個會讓人變老的寶盒。

而且乙姬娘娘在把寶盒交給浦島太郎時，**還刻意叮囑他「千萬不要打開」，簡直惡劣到了極點**。

雖然最後是浦島太郎自己違背諾言、打開了寶盒，但這怎麼看都是乙姬娘娘設下的「圈套」。

人類是很奇妙的生物，**你愈是叫我「不要打開」，我就愈想打開。當人家跟你說「不要推」，只會激發你想推他一把的慾望**，搞笑團體鴕鳥俱樂部（ダチョウ倶楽部）有個段子就是這樣演的。

每句話都有表裏兩個不同意義，若只相信表面，很多時候都是在自討苦吃。

把浦島太郎拐到龍宮，對時間施法予以玩弄，見對方要離開自己，就設下圈套把他變成老人——乙姬的行為怎麼看都是一個「渣女」啊！大家怎麼看呢？

問題來了！為什麼浦島太郎對乙姬娘娘說的話深信不疑呢？

雖然我們不該隨便懷疑別人，但有時若不心存懷疑，可是會大禍臨頭的喔！

盡說「好聽話」，客人不買帳！

■「永續發展目標」真的引發了潮流嗎？

這幾年常能在各種場合看到「永續發展目標」這個詞。

「永續發展目標」的英文為「Sustainable Development Goals」，縮寫為「SDGs」。二〇一五年，聯合國於大會上發表《翻轉我們的世界：二〇三〇年永續發展方針》（Transforming our world: the 2030 Agenda for Sustainable Development），公布了十七項目標和一百六十九項指標，作為邁向二〇三〇年的具體行為方針。

「永續發展目標」中，除了有「消除貧窮」、「消除飢餓」……等以發展中國家為主的項目，還有「促進和平且包容的社會」、「保育海洋資源」、「實現性別平等」……等先進國家必須實現的目標，內容多元而豐富。

左圖為二〇一五年到二〇一九年提及「永續發展目標」的出版品數量，這次我

提及「永續發展目標」的書籍雜誌數量

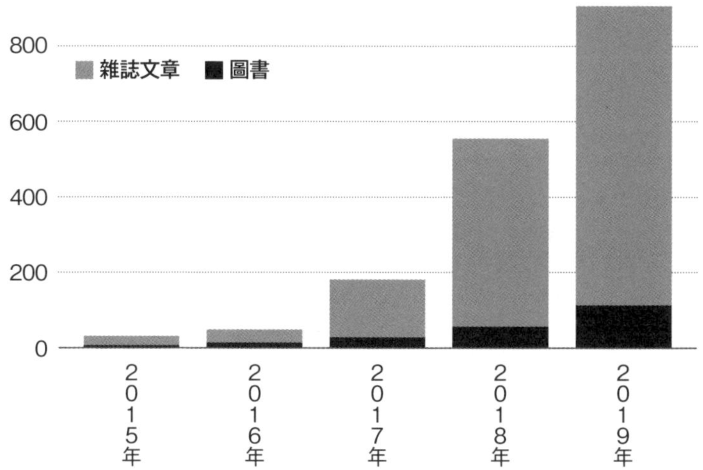

一樣上日本國會圖書館的網站搜尋，並將結果分爲雜誌文章和圖書兩種。

二〇一五年只有七本圖書、二十六本雜誌提到「永續發展目標」，然而到了二〇一九年，數量大幅攀升，圖書增加爲一百一十一本，約爲五年前的十六倍；雜誌更增加至七百九十六本，約爲五年前的三十一倍。

從這張圖來看，「永續發展目標」可說是當下的熱門話題。許多企業開始執行相關政策，到處都可聽到「永續發展目標」這幾個字。

以石油製成的塑膠爲例，塑膠在製作過程中會排出大量溫室效應氣體，再加上塑膠垃圾無法自然分解，因而導致嚴重的海洋汙染。

爲達成「永續發展目標」，「減塑」是必然的方向。舉例來說，日本國內的星巴克開始改用紙吸管，日本聯合利華引進再生塑膠，日本雀巢也將商品改爲紙包裝，日本也從七月開始實施全國塑膠袋收費政策。

如今各大企業爭相引進「永續發展目標」，但其實，環保政策並不能讓企業賺錢，是什麼讓各大企業如此趨之若鶩呢？

答案是**「責任投資原則」（Principles for Responsible Investment，簡稱PRI）**。這是聯合國前秘書長科菲·安南（Kofi Annan）於二〇〇六年提倡的概念，希望投資人能將「ESG」——環境（Environment）、社會（Social）、治理（Governance）三個項目反映在他們的投資決定上。

簡單來說，**就是建議投資人「不要投資未設法解決ESG問題的企業」**。

二〇一六年，世界上最有影響力的非營利組織——洛克菲勒財團從化學燃料企業撤資，賣掉美國最大石油公司艾克森美孚的股票，爲全球投下一顆震撼彈。

洛克菲勒是什麼家族？他們可是標準石油公司（Standard Oil）的創辦人、靠石油生意致富的億萬富翁。**洛克菲勒家族放棄石油產業，代表連他們都認為石油產業今後無法長久。**

投資人已紛紛將重心移往「永續發展目標」，企業逼不得已只能跟進。

不過，我們這些個人消費者也在追求「永續發展」嗎？

根據世界經濟論壇（World Economic Forum）的調查，日本聽過「永續發展目標」一詞的人只有四九％，在二十八個國家中吊車尾；對「永續發展目標」非常清楚的人則只有八％，同樣是二十八個國家中的最後一名。

就這些數字來看，日本一般消費者對「永續發展目標」似乎是興趣缺缺。

而就我實際所見所聞，大多日本人都對「永續發展目標」抱持著看笑話的態度：

「我不太清楚那是什麼，八成又是什麼冠冕堂皇的好聽話吧！」

一般企業認眞執行「永續發展目標」，是爲了興利除弊，但對一般消費者而言，本就沒有特別的利弊，所以大多數人都無感。

爲什麼我們會對「永續發展目標」抱持戲謔的態度，覺得那只是冠冕堂皇的說詞呢？

最主要的原因是，「永續發展目標」是由聯合國訂定的方針，他們並非是爲消費者牟利，而是在擅自決定後，用「上對下」的態度發號施令。

聯合國的方針是由各會員國代表參加大會，經過長時間的討論後訂定而成。這是日本人民選出來的政府參與所做的決定，若日本人眞的遵從民主主義，就應該遵守「永續發展目標」。

然而，日本的消費者對此卻漠不關心，面對「永續發展目標」的呼聲，也只覺得：**「不甘我的事」、「我一個人的力量有限，就算我遵守又如何？其他人不遵守有用嗎？」**一副「事不關己，高高掛起」的態度，甚至還有人氣到大罵：**「我光應付新冠疫情就累死了！哪有時間管什麼永續發展！」**

人要心理能夠接受，身體才會行動。「永續發展目標」是很好的概念，但若不能打動人心，說什麼都是枉然，都只是冠冕堂皇的「好聽話」。

要讓人心理能夠接受，可不能只靠大道理。就算你講得條理分明、邏輯井然，**「這對世界大有益處」、「這樣做對你有利無弊」**，人家也不見得聽得進去。

這時就是「行爲經濟學」派上用場的時候了！行爲經濟學讓我們明白，人行動不只是因爲「利大於弊」，跟感情和內心也息息相關。「永續發展目標」就是一個很好的例子，「好聽話」大多都很「合理」又「因果分明」；但是，單靠「邏輯」是無法打動人心的。

若不從「感情」與「內心」下手，問題就永遠是別人的問題，若抱持事不關己的態度，自然無法付諸行動。

人本來就是「情大於理」的生物，不是嗎？

■有「故事」，才能驅動人心

要怎麼炒熱「永續發展目標」呢？其中一個速成方法就是訴諸「感情」。

我們可以運用「可辨識受害者效應」這種心理現象。

21

【可辨識受害者效應】Identifiable victim effect

當受害者為「可辨識的個人」，能引發的反應將比「無法辨識」時強烈許多。相較於「多人」，「單人」的故事更能夠引起大眾注意。

幫助納粹政權大量屠殺猶太人的阿道夫・艾希曼（Adolf Eichmann）曾在軍事法庭上留下一句名言：「死一個人是悲劇，死一群人只是統計數字。」大量的死亡就只是冷冰冰的數字，一個人的死亡卻足以動搖人心。

◎具體範例

每年都有一千萬個美國人死去，但對世人而言，這就只是個統計數字；小馬丁路得・金恩（Martin Luther King, Jr.）的一條性命，卻大幅改變了美國社會。

每天都有人因為新冠肺炎而死去，但搞笑藝人志村健去世時，卻在日本人之間激起了強烈的憤怒，以及對未知病毒的深深恐懼。

人的感情不會爲「數字」所動。**具體的故事能觸發我們的「內心」，再來才是「思考」和「行動」**。

前面介紹的電視節目——《The Nonfiction》能坐擁高人氣的另一個原因，就是因爲該節目描繪出令人印象深刻的具體人生故事。

近年來，日本漸漸注意到「孤獨死」問題的嚴重性。每年有超過二萬件孤獨死事件，形成很大的社會行政問題。但說實在話，人們不太能感受到「二萬」這個數字的衝擊。

紐約廣告節（The New York Festival）是全球最大的廣告比賽。二〇一四年，紐約廣告節將大獎頒給了一部講述「打掃孤獨死房間的特殊清潔師」的作品（二〇一三年一月二十日播出：《特殊清潔師的婚姻？那些「孤獨死」教我的事》）。

由此可見，**相較於「二萬人」這個數字，一個人的故事更能夠打動人心**。

對每一位消費者而言，「永續發展目標」只是與生活無關的「好聽話」。但如果將焦點放在某一個孩子的人生故事，強調貧困與歧視對他造成了多麼大的傷害，然後呼籲大家「幫助改善這個孩子的生活環境」，就能夠輕鬆獲得世人的矚目。

但要注意的是，這樣的方法是具有風險的。要單憑一個人的人生問題來引發強烈共鳴，就只能縮小視野、採取偏頗的報導方式。

比方說，二〇〇五年，蘇丹的達佛（Darfur）發起了「民族淨化運動」，許多無辜人民遭到殺害。然而，美國媒體卻不太報導這則國際新聞，而是將大多版面給了一位名叫納塔莉・霍洛威（Natalee Holloway）的女孩在荷蘭島嶼阿魯巴（Aruba）上失蹤的案件。

在這裡要特別提醒大家，面對某些情況（例如政策立案之時），我們應該保持冷靜心態，運用統計數字，客觀公正地進行討論，而非單方面地聚焦於犧牲者的身家故事。

■感性能超越理性

除了運用故事，還有另一個動搖消費者感情的方法。

那就是運用**「移情隔閡」**來引發對方共鳴，讓對方無法理性思考。

22

【移情隔閡】Empathy gap

現下的感情忽視過去的判斷與情緒。原以為自己不會做某件事，在成為當事人時，卻出現意想不到的情緒、做出出乎意料的行為。

◎**具體範例**

在酒足飯飽時下定決心「明天開始減肥」，但每每肚子餓了，還是忍不住暴飲暴食。現下的空腹感戰勝了一切，昨天的幹勁、對肥胖的憤怒、對自己的不滿情緒，彷彿都不存在似的。

紐約的華爾街上，有一座相當知名的巨大公牛銅像。

「公牛」的英文是「Bull」，在金融界有「強勢買進的人」的意思。所以才有人在華爾街建造這尊銅像，以求「股市節節攀升」。

二〇一七年國際婦女節（三月八日）的前一天，這座巨大銅牛的對面出現了一尊「無懼女孩」（Fearless Girl）的銅像與之對望，在各界引發了議論。

這座女孩銅像是由一間美國大型資產顧問公司所設立，爲的是宣傳一支名爲「SHE」的新指數基金，這支基金的投資標的都是「女性當家」的公司。

這間大型資產顧問公司故意**將女孩銅像設立在公牛這個「男性力量象徵」的前方，讓女孩看起來像是在與公牛對抗，藉此達到宣傳基金的效果**。

「實現性別平等，並賦予婦女權力」是「永續發展目標」之一。但像這種「好聽話」，即便大家心領神會，也沒什麼動力實際推行。

該公司跳脫「理論」的層面，用「少女銅像」實際呈現出「抵抗男性權威的女孩」，成功在社會上引發「軒然大波」。

事實上，這隻公牛只是一個「股市興旺」的象徵，毫無歧視女性的意思。也因

「無懼少女」銅像

爲這個原因，該公司的行爲讓銅牛的創作者非常生氣。卽便如此，「無懼女孩」仍在短時間內成爲知名觀光景點，在推特、Instagram 上擁有七億四千五百萬則貼文。

這數字證明了「無懼女孩」已強烈動搖人們的情緒，很多人表示自己很喜歡「無懼女孩」這尊銅像，覺得這尊銅像實在是太棒了。

當情緒受到動搖，人們就會失去邏輯與理性。

要將美國社會從「男性權威至上」改爲「男女共同參與」，實際上是知易行難，執行起來並不簡單。就連設立這尊銅像的美國大型資產顧問公司，十一名幹部中也只有三人是女性。

然而，**在討論「無懼女孩」時，這類冷靜的評論卻屢遭忽略，無法獲得大家的關注**。

同樣道理，一個產品只要能夠引發強烈的共鳴，即便有瑕疵與缺點，還是能夠引發「狂熱」。

在我看來，**「共鳴」是企業進行任何活動都不可或缺的要素**。

「永續發展目標」是很棒的想法，但是，如果不讓大眾實際感受到這份概念的好處與壞處，他們就會摸不著頭緒，不知如何做起；看到企業努力執行、政府推行「永續發展目標」的新聞，也沒什麼真實感，甚至覺得都是虛假的謊言，導致一份「好概念」以「好聽話」告終。

若無法得到大眾信任，就無法進一步引發共鳴、製造「狂熱」，這等於給了消費者去冷靜思考「永續發展目標的缺點與瑕疵」的空間。

■如何化除民眾的警戒心？

那麼，該如何消除「永續發展目標」的「虛假感」、引發大家的「共鳴」呢？

我認爲，這個問題可以在最近 YouTube 上很流行的「早晨習慣」（Morning Routine）與「跟我一起準備出門吧」（Get Ready with Me）中找到答案。這兩種影片顧名思義，就是拍攝每天早上起床後的習慣，以及準備出門的流程。

現在很多觀眾都喜歡看這種「日常系影片」，這類影片絕大多數都是由 YouTuber 在自家拍攝，畫面中呈現出的生活感相當有趣。**看他們在介紹自己常用的化妝品時，無意間拍到房間裡的小東西，感覺還滿真實的**。

也就是說，「早晨習慣」處於**「虛假的好聽話」的極端對立面**。

現在的年輕人都不喜歡某些電視節目那種特意營造出的虛假綜藝感。

相對地，前面提到的紀錄片節目《The Nonfiction》以及 NHK 電視台的《追根與究柢》（ねほりんぱほりん）等節目，就非常受到大眾歡迎。這告訴了我們什麼呢？「眞實呈現」才能引發大多數人的「共鳴」與「狂熱」。

如今這個時代，光憑美好的理想已無法說服人心。若不設法動搖大眾的「感情」、引發「共鳴」，有再崇高的理想也是白搭。

我們必須設法告訴大眾，爲什麼這個品牌必須追求「永續發展目標」，讓大家了解需求的背景。若只是打著「爲地球好」的名號，卻不讓大眾知道爲誰而做、他們正承受著多大的傷害，誰又願意付諸實行呢？

在推動理想時，必須讓消費者陷入「狂熱」，否則他們就會太過冷靜、用邏輯去思考自己被騙的可能性。

請記得，**盡說好聽話，客人不買帳！**

「煽動式發言」為何能正中紅心？

■突如其來的「高等國民撻伐潮」

二〇一九年四月，一名八十七歲的老人駕車於東池袋爆衝，引發兩人死亡、十人受傷的重大車禍。由於這起車禍不單單只是一件「老人家駕駛疏失事故」，因而遭到各家媒體的大肆報導。

爲什麼這麼說呢？第一、該駕駛爲前通商產業省[1]的官員，退休後曾擔任商業團體的會長、大型機械廠商的董事長等要職，並於二〇一五年獲頒瑞寶重光勳章。簡單來說，就是菁英中的菁英。

第二、這起車禍的肇事者明顯就是該男，但警方卻遲遲未將他逮捕。這讓大衆

1　日本舊中央省廳之一。

懷疑，警方是否因爲忌憚他是前官員而不敢有所動作。

事發兩天後，有另一名老人駕駛引發了死亡車禍，警方當下以現行犯的身分逮捕了這名駕駛，此舉引發各界批評，說**「國家權力包庇自己人」**、**「雙重標準」**。

民衆認爲，因爲第一起事件的肇事者爲「高等國民」，所以才享有特殊待遇。這股撻伐風潮一路從網路燒到電視節目，「高等國民」一詞甚至入選二〇一九年的新詞・流行語大獎。

不過，「高等國民」一詞眞正被普遍使用，是從二〇二〇年東京帕運的會徽失言風波開始。

當時評選委員所選出的會徽設計，被人指出跟之前的設計極爲相似，因而遭到停用。奧運組織委員會的事務總長武藤敏郎於記者會上「失言」道：「學者專家可以理解，但遺憾的是，一般國民無從領會。」

這句話將「普通的日本國民」稱作「一般國民」，因而引發大衆反感。之後「高等國民」一詞便成爲商業設計中揶揄「天選之人」的代名詞，用來表現人們對「當權者」的厭惡。

不過，這波「高等國民撻伐潮」在池袋爆衝車禍發生後逐漸發酵，其程度已遠遠超越了單純的「厭惡」。

事實上，以前就曾發生過類似事件，一位跟安倍走得很近的記者對他人施暴，警方卻未對他發出逮捕令。現在又發生官僚疑似吃案，導致許多報章雜誌對此大作文章，說**「高等國民」擁有絕對權力，無論犯什麼罪都能脫身**。

作家橘玲還出了一本書叫《高等國民／低等國民》（上級国民／下級国民），書中寫道：「一旦淪爲『低等國民』，就只能以『低等國民』的身分衰老死去；只有『高等國民』能享受幸福快樂的人生。」這樣的論調獲得了許多狂熱粉絲的支持，讓本書瞬間登上暢銷冠軍。

■「極端言論」人人愛

事實上，「警方不會逮捕高等國民」這個說法，應該是非常極端的陰謀論。警方會解釋，之所以沒有逮捕池袋爆衝車禍的肇事者，是因爲「嫌犯年事已高，且還在住院，沒有逃亡的疑慮」。

後來該肇事者在沒有被羈押的狀態下遭到起訴，目前案件已進入司法程序。

那次車禍後，警方還逮捕了一名國會議員。由此可見，**「高等國民＝無罪」不過是民眾的幻想罷了**。

不過，這個「高等國民無罪論」，卻讓日本國民陷入了「狂熱」。

《高等國民／低等國民》作家橘玲在接受週刊採訪時表示：「警方應該是對這些人物有所忌憚。」她的這種言論，確實很容易引發一般民眾共鳴。

人人都愛「極端言論」。

這種「認爲幾乎不可能的事很有可能發生」的現象，稱爲**「極端預期偏誤」**。

23

【極端預期偏誤】Exaggerated expectation bias

原本只是實際上很難發生的「極端預期」，卻因為過度誇大事先獲得的資訊，而產生可能在現實中發生的想法。但其實，大多事情並沒有想像中的嚴重，極端的案例也不會平白無故一直出現。

◎ **具體範例**

有些人什麼事都往發生機率非常低的壞處想，導致無法做出正確的判斷，像是「因為可能發生大地震而不買房子」，又或是「因為可能發生車禍而不騎摩托車」……等。

常有人呼籲面對新冠疫情要做最壞的打算，但如果對任何情況都做「最壞的打算」，最後可能會因為沒有發生「最壞」的情況而落空。

有句話叫「現實往往比小說更離奇」，但其實，**很多時候「極端」都只淪為預想，現實其實非常穩當**。

池袋爆衝車禍發生後，因警方遲遲未公開不逮捕肇事者的原因，導致各界議論紛紛，各種「陰謀論」與臆測滿天飛。但仔細想想，若警方當時立刻公開資訊，可能會導致助長民眾的「高等國民撻伐潮」。

眼見不一定爲憑，有些偵查過程警方不便公開，但民眾卻忽略這個事實，妄下結論說「警方不會逮捕高等國民」。

這種僅在自己所知範圍內進行討論的現象，稱爲**「共享資訊偏誤」**。

24

【共享資訊偏誤】Shared information bias

團體成員只討論團體內共享過的資訊，未共享的則不會提及。因為成員彼此不知道「對方不知道什麼」，才會在資訊未經共享的情況下做出決議。尤其是狀況緊急時，由於沒有時間共享資訊，導致成員必須在「彼此已知」的預想下進行討論，因而更容易引發混亂。

◎**具體範例**

以公司經營層為例，一般很難討論「將來我們的生意會如何發展」這種具有太多未知要素的議題，但如果是較具體的已知事物，如「要不要搬到租金更便宜的辦公室」、「停車費是否應由公司支付」……等議題，討論過程通常都會很順利。

在討論池袋爆衝車禍時，大家只知道「前官僚肇事但未遭警方逮捕」，卻未共享「警方的處理過程」、「是否已全數掌握偵查狀況」等資訊，導致「高等國民撻伐潮」不斷延燒。

若是在資訊全數公開的狀態下，即便有媒體的「煽動」，一般國民也不會跟著起舞。

■你也是「資弱肥羊」嗎？

廣告就是一種「煽動」。

「大家都在聊這個！還不知道就落伍了！」、「這個時代還不會說英文，就等著輸別人！」、「後疫情時代，不會遠距工作就等著被淘汰！」——你是否也看過這類型的標語呢？很多廣告都以這種「煽動消費者危機感」的方式來衝銷售量。

這種廣告所利用的，正是廣告商與消費者之間的「資訊不對稱」。比方說，有些廣告說「很多明星都在用這個產品」，但至少就廣告內提供的資訊來看，民衆無法確認他說的是否爲事實。

「這個時代還不會說英文，就等著輸別人」也是一種「極端的預想」，因爲沒有人知道接下來的時代會如何發展。

廣告商根據以往的經驗，「洞察」一種特殊的現象——在前述「極端預期偏誤」的影響下，**消費者大都喜歡極端的言論**。

正如「高等國民撻伐潮」的案例所示，「極端言論」只能建立在有限且偏頗的資訊上，前提必須是「民眾未能得知正確資訊」。

換句話說，廣告商必須將資訊限制在某個程度的範圍內，才能成功煽動消費者；相反地，如果你不想被煽動、被欺騙，就必須盡可能地蒐集資訊，培養出卓越的判讀能力。

日本將不擅長使用資訊科技的人謔稱為「資弱」（資訊弱勢），尤其指那些不會主動蒐集並運用資訊的人。

二〇二〇年一月新冠疫情剛發生時，大批民眾之所以開始囤積口罩和衛生紙，其中一個原因就是誤信假消息、未能掌握正確資訊。

前段日子，市面上出現了許多「資訊銷售商」，以高價將股票投資等相關情報賣給民眾，直到最近才有退潮的趨勢。

這類商家尤其將「資弱族群」視為肥羊。由於這群人不具有查證的能力，所以無法確認自己拿到的資訊是否真的具有價值，又或是這些所謂的「銷售商」是否可信，因而淪為黑心商人的首要目標。

或許你不在意自己是否為「資弱」，但**身處如今這個時代，消費者一定要擁有**

一定程度的「判讀能力」，以免成為黑心商人的搖錢樹。

人們採信資訊的條件有三——

- 有「專家學者」的解說
- 提供具體數據做爲「證據」
- 媒體（包括網際網路）廣爲流傳

近期媒體上常能見到各類「專家學者」在討論新冠肺炎，但如前所述，有些言論反而令消費者陷入混亂。就某層意義而言，每個專家都代表著各自的眞相，要採用誰的意見，最終還是得由消費者個別進行判斷。

此外，人們總是輕易相信「數據」，但你有沒有想過，對方可能只拿出對自己有利的資料，更沒品的還可能偽造數據。因此，別人說什麼你就信什麼是很危險的。

面對資料與數據，我們應該養成「批判思考」的習慣，培養思辨能力，不可囫圇吞棗。

「批判」（critical）這個詞原本是「依照基準判斷」的意思，就這點而言，「批判思考」（critical thinking）可解釋爲**「基於適當的基準和根據進行思考，不倚賴偏誤」**。

請各位務必遵守以下三條守則，以免淪爲「煽動」和「欺騙」的受害者。

- **不盡信專家意見，自己用頭腦思考**
- **取得專業資訊，並確定真偽**
- **批判思考數據資料的正確性**

「新技術」問世？先批再說！

■「AI美空雲雀」風波

隨著科技的進步，如今的AI已能重現亡者的臉龐、聲音，甚至是作品。只要讓機器學習亡者生前留下的龐大資料，AI就能輸出宛如本人一般的成品。

舉例來說，鎧俠（KIOXIA，前「東芝記憶體」）與手塚製作（Tezuka Productions）、AI相關人士合作，於二〇二〇年二月發表的「TEZUKA2020」企畫，就是相當知名的案例。

他們讓AI學習「手塚治蟲風格」，自動產生情節跟角色，最後再加以人工調整，於週刊青年雜誌《Morning》上推出「手塚治蟲逝後第一步新作」——《裴多》（ぱいどん），引發了熱烈迴響。相信很多人仍對這件事記憶猶新吧？

另一個知名案例是專門收藏西班牙天才畫家——薩爾瓦多・達利（Salvador

Dalí）作品的達利美術館，日前他們製作出「AI達利」，讓西裝筆挺的「AI達利」解說達利的作品，看上去跟本人簡直如出一轍。

「AI達利」的製作方式基本上跟其他AI企畫差不多，他們讓AI學習達利生前數百部訪問影片、記錄影片，產生「達利的臉」，並找來一位跟達利身材差不多的演員，讓他身穿西裝、錄下他的各種動作，再用AI將這些影像與「達利的臉」合而爲一。

這種技術稱爲「深度僞造」（deepfake），可將「臉部」替換成指定人物。

在新冠疫情的影響下，不少人都改爲遠端工作。相信很多人都玩過吧？**在使用zoom等軟體進行視訊會議時，隨意將自己的臉換成歐巴馬總統或動物。**

AI自動產生的「假臉」，無須逐張製作影像，即能隨著使用者做出喜怒哀樂等表情。只要使用深度僞造技術，每個人都能「僞裝」成歐巴馬總統，對外宣布「開戰」，又或是「發射核彈」。

這種技術的使用途徑與道德規範，還需特別從長計議。

之前，中國推出了一種可將電影主角替換成自己的臉的App，但因牽扯到著作權問題，而遭到App商店下架。

二〇一九年九月二十九日，日本NHK電視台播出特別節目《AI讓美空雲雀復活了》（AIでよみがえる美空ひばり），令日本社會一片譁然。

「AI美空雲雀」採用山葉的歌聲合成技術，讓機器「深度學習」（deep learning）美空雲雀生前於NHK和唱片公司留下的大量音源和影像，發表了〈在那之後〉（あれから）這首新歌。

美空雲雀的歌，我只聽過〈柔〉、〈愛燦燦〉、〈川流不息〉這幾首比較有名的，**但在聽到〈在那之後〉這首歌時，還是感到非常驚訝，沒想到AI竟能將美空雲雀歌聲的溫度、柔和的唱腔表現得如此真實，真是太厲害了！**

因該節目獲得觀衆很大的迴響，電視台趁勢於二〇一九年年終的《紅白歌唱大賽》節目中安排「AI美空雲雀」出場。

然而，此舉卻引來《紅白歌唱大賽》觀衆的大肆批評。歌手山下達郎更在廣播節目中批評「AI美空雲雀」是在「褻瀆亡者」，引發了相當大的爭議。

很多人看到「AI美空雲雀」後，都讚嘆AI技術的發達，但也有不少人對

ＡＩ重現的聲音影像感到「噁心」，像山下達郎那樣予以批評否定。

爲何「ＡＩ美空雲雀」會引發如此軒然大波呢？

■民眾對「創新」的「愛」與「恨」

科技能爲人類創造美好的生活，但別忘了，再怎麼神奇的科技都出自於人類之手，說「科技萬能」實在是言過其實。

然而，大多人都有**「迷信創新偏誤」**的傾向，對科技太過樂觀，認爲**創新一定能改善社會**。

25

【迷信創新偏誤】Pro-innovation bias

整個社會對新技術的效果過度樂觀，忘了任何技術都是有弱點和界限的。很多人都認為「創新能改善社會」，但其實發生創新的機率很低，到頭來大多只是空歡喜一場。

◎具體案例

以前都說快中子增殖反應爐（fast breeder reactor）上路後就能解決能源問題，但說來遺憾，至今這項技術仍未實用化。以前常聽人說「待網際網路普及後，就不須再到辦公室上班」；目前受到疫情影響，有不少人都遠距上班，而在過程中我們了解到，世上還是有很多遠距無法進行的工作，無法完全捨棄辦公室。

如今ＡＩ科技日新月異，接連出現撼動傳統社會的創新技術。但仔細觀察你會發現，民衆對新技術的期待過高，導致很多案例都是「過譽」。

回想幾年前那些傳聞「即將推出」的技術，就有不少都因爲實際難度過高，又或是成本問題而停滯不前。這些技術要推動實用化，還有很長的一段路要走。

汽車的自動駕駛就是其中一個例子。

現在市面上的車子已能做到在遇到障礙物時自動減速、自動保持行車距離，但這些不過是自動駕駛中的部分技術。要做到「無人自動駕駛」實用化，應該是很久以後的事。

有一陣子，報章雜誌上常能見到「矽谷ＡＩ技術一夕之間就能改變世界」這種宣傳方語句，這其實是充滿偏誤的說法。難道我們一覺醒來，世界就眞的會變得不一樣嗎？應該不至於吧。

■「ＡＩ會讓人失業」其實是一場謊言？

隨著ＡＩ發展，許多媒體都拿「ＡＩ可能讓人失業」大作文章。許多從事ＡＩ開發的工程師都眞心認爲自己能改變世界，**但他們聽到這個說法都忍不住搖頭，直說這是「杞人憂天」**。

一般而言，工程師是最支持推動新技術的族群，唯獨對ＡＩ卻不是那麼厚愛。

爲什麼呢？因爲商務人士非常看好ＡＩ，尤其是顧問界，更是對ＡＩ引領期盼。這讓技術人士忍不住站出來呼籲：**「不要對ＡＩ抱有過度期待！」**

這個狀況是不是非常奇妙呢？事實上，我也是一個工程師，幾年前看到書店擺滿「ＡＩ將使人類失業」的相關書籍時，**我也是有苦說不出，因為這實在是無稽之談**。

「ＡＩ威脅論」可追溯到二〇一三年，當時英國牛津大學副教授麥可・奥斯本（Michael A. Osborne）發表了一篇名爲《就業的未來》（The Future of Employment）的論文，文中認爲**「十至二十年內，有四七％的勞動人口可能被機器取代」**。

有數字又有機率，各位是不是也覺得很可信呢？

該論文使用的是「高斯過程」（Gaussian Process）分類法，那是一種使用常態分布的迴歸分析手法。簡單來說，就是針對美國勞工局所定義的七百零二個職業，列出數十個必需技術，再由牛津大學中的學者選出七十個職業進行詳細調查，可自動化得一分，無法自動化則得〇分，以此作爲「訓練資料」。

之後再藉由機器學習，從「訓練資料」中找出可自動化的技術，以此爲基礎製

AI 將造成的失業人口

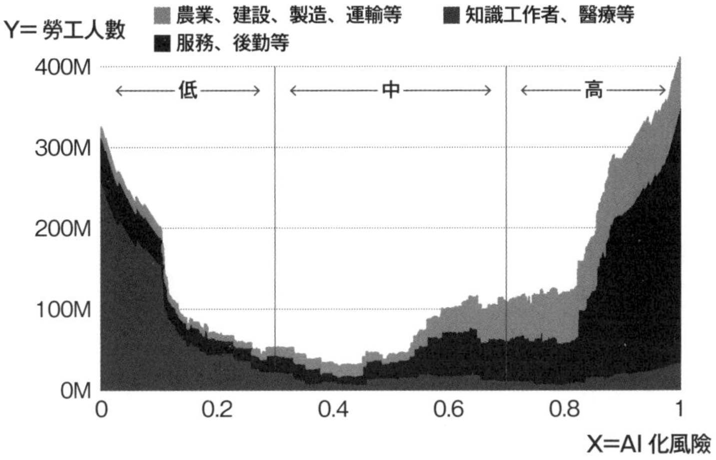

作模型，最後將模型套入這七百零二個職業，算出每個職業可能自動化的概率。

該研究的結果如圖。自動化可能性超過七〇％的職業勞動人口，占整體的四七％。

順帶一提，這張圖上的色塊總面積代表美國的勞工人口。

X軸是「電腦化概率」，愈靠右側自動化的可能性愈高。也就是說，服務業和後勤類型的工作較容易被電腦取代，知識工作者則較困難。

這份研究以定量判斷一般只能定性評價的「AI自動化風險」，這一點非常具有新意，可說是劃時代的手法。該論文推

AI 將造成的失業人口（以工作爲根據）

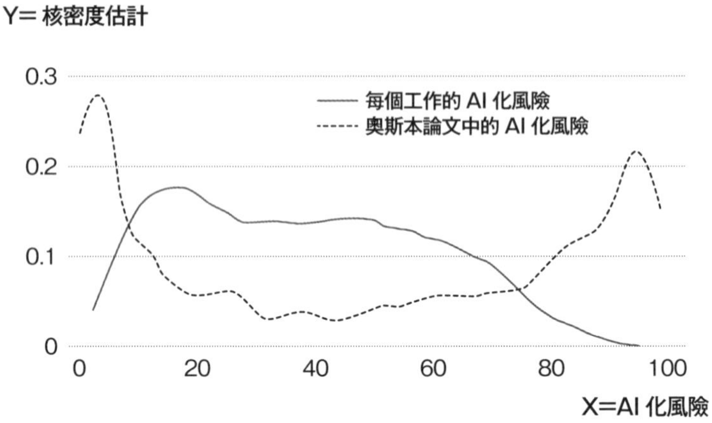

出後，全球各地紛紛著手進行雇用與自動化的相關研究。

後來有研究發現，奧斯本的論文有幾個不足之處。

第一，**自動化的對象應該是「工作」，但奧斯本的論文卻針對「工作」的上位概念——「職業」進行判斷**。

舉例來說，奧斯本論文推論「自動駕駛技術完成後，計程車司機就會全體失業」，這種分析實在有失精準。

歐洲經濟研究中心（Centre for European Economic Research）的梅拉妮・安茲（Melanie Arntz）等研究員在看了這份批判內容後，將「職業」分解成「工作」，分析每項工作的

ＡＩ自動化的風險，再將這些風險成換算成「職業」。

該研究顯示：經濟合作暨發展組織（Organisation for Economic Cooperation and Development，簡稱ＯＥＣＤ）的二十一個國家中，ＡＩ自動化可能性超過七〇%的職業平均只占九%。

第二，奧斯本的論文完全**忽視了因ＡＩ普及而產生新工作、新職業的可能性**。過去也有類似的案例。比方說，電腦問世後，有數不盡的工作和職業走向自動化；但相對地，也產生了更多的新職業。然而，奧斯本論文卻對這些新產生的工作機會視而不見。

奧斯本論文發表這七年多來，其內容幾乎全盤遭到否定，相關的反駁論文不勝枚舉。

如今，「ＡＩ威脅論」早已成爲過去的神話。

面對新技術的態度差異

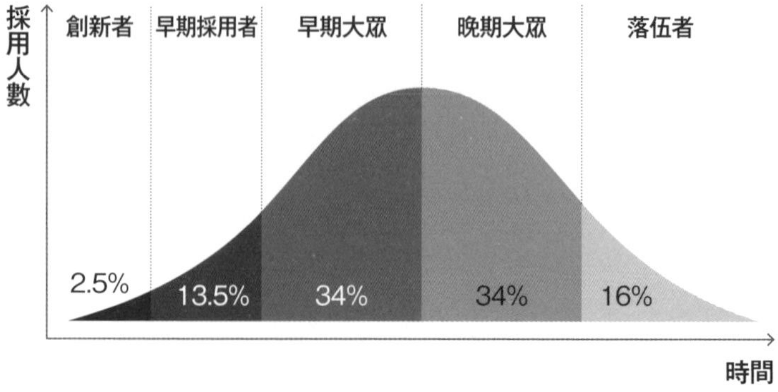

幫「沉默的大多數」點火

不過，有些ＡＩ技術倒真的是挺「神」的。

人們難以理解新技術的真正價值，導致不是評價過高，就是評價過低。再說，社會每每面對新的改變都是措手不及。當新技術問世，幾乎都是像「ＡＩ美空雲雀」一般毀譽參半，有些人很快就能如魚得水，大多數人卻是苦於適應。

能發起新服務的「創新者」只占整體二．五%，對新服務趨之若鶩的「早期採用者」則占一三．五%，能普及到這個階層，之後就可能爆發流行。

「晚期大眾」不太願意採用新技術或新服務，「落伍者」則是堅決不採用，這兩個階層也占有一定的數量。

這無關好壞，只是在陳述事實；我只是想讓大家知道，光是對新技術的採用與否，就有這麼多的「因人而異」。

不過，創新者和早期採用者經常忽略一件事——這個世界上有很多晚期大眾和落伍者，因而自顧自地**以為「自己喜歡別人一定喜歡」、「自己討厭別人一定討厭」**。

這就是所謂的**「投射偏誤」**。

26

【投射偏誤】Projection bias

將自己的想法投射到他人身上，覺得別人一定跟自己看法相同、同意自己的意見。不去了解對方的想法，將自己的想法強壓在他人身上。

◎ 具體範例

「女人只是生孩子的機器」、「沒智慧的人就得不到幫助」、「我很識相，很懂

得揣測上意」——這些「政客的失言語錄」，正是因為他們以為大家都跟自己抱持同樣想法，所以才說得如此「理直氣壯」。

在討論「AI美空雲雀」時，本應著重於技術面；但不知不覺間，大家卻將重點移到了**「有無審美價值」、「倫理道德是否允許」**這兩個問題上。

不過，既然都安排「AI美空雲雀」上《紅白歌唱大賽》了，製作者應該早已做好「失焦」的準備，因爲一定有人會從「有趣與否」、「是否讓人感到不舒服」等角度進行評論。

畢竟這是史無前例的嘗試，大家爲什麼不能多給予一點鼓勵呢？每個人的審美觀都不同，我們不應一味予以否定，也該放開心胸，聽聽看技術人員的意見和用意再進行評斷。這才是讓新技術貢獻社會的必要之舉，不是嗎？

不過，就引發「狂熱」的角度而言，就是要推出「有一定人數會覺得可疑」的企畫案，才能夠成功製造「狂熱」。但這次的製作方，本應無意引發「風波」。

剛才介紹的「ＡＩ會讓人失業」的相關研究，其實還有後續。無論是「奧斯本論文」，還是反駁他論點的論文，都沒有否定「ＡＩ使工作自動化」的可能性。

近年有個詞叫「數位化轉型」（Digital Transformation，簡稱ＤＸ），專指ＡＩ這類新技術對傳統社會所造成的變化。在這波潮流下，今後所有工作都將走向數位化與自動化之路。

在這樣的情況下，對數位化應對不及的人將無法適應社會，甚者可能失去工作。爲此，**歐美各國紛紛騰出資源，讓民眾接受數位化的回流教育**（recurrent education）。

那麼日本呢？

這幾年我深切地感受到，在接下來的時代，**「不懂得懷疑常識」的人真的會吃大虧**。仔細觀察你會發現，現今社會充滿了各種問題，維持現狀並非好事，不改變就不會變好。明明只要接受回流教育就可以避免這些問題，但很多人卻一味沉浸在現下的框架與過去的成功之中，不斷在原地踏步。

爲什麼有些人會對新科技趨之若鶩、陷入「迷信創新偏誤」呢？我想，這些人的危機感，很可能來自對日本「不肯改變」的焦慮。

那些「害怕失敗的人」看到如此極端的兩種反應，很容易在一知半解的情況下，對新技術心生恐懼。

長久以來，日本都對創新者很不友善，大環境實在不具吸引力。

如今都已經來到二〇二〇年，到底要怎麼做，才能讓日本這些「膽小鬼」克服對新事物的膽怯，主動「除舊迎新」呢？

或者，**乾脆將決策者整批換掉比較快吧**。

第5章

謊言總是比真相美麗

童話

姥捨山

某國的國主頒布了一條無情的命令：「年老無法再工作的人已經沒有用處，即使是父母，也要帶到山上丟棄。」

由於無法違背命令，某家的兒子不得已，只好哭著打算將老母親背到山上丟棄。

但是，兒子終究不忍心丟棄老母，於是偷偷將母親藏匿在家中的地板下，繼續照顧老人家。

不久，鄰國對國主出了兩個難題，威脅若是無法解開這兩個問題，就要出兵攻打該國。

「外貌毛色大小完全相同的一對母子馬，猜出哪匹是母，哪匹是子。」

「交出不敲也會響的太鼓。」

傷腦筋的國主只好向全國下令，徵求可以解答這兩個問題的智者。聽到難題的老母親如此回答：

「在兩匹馬面前放一個裝有飼料的桶子。母親會讓孩子先吃。」

「剝掉太鼓一面的鼓皮，將活的蜂群放入太鼓中，再將鼓皮重新貼好。當蜜蜂在太鼓內飛舞，撞到鼓皮時就會發出聲響。」

兒子將老母親的計策獻給國主。

鄰國聽到答案之後大驚，心想攻打擁有這樣智者的國家太危險了，於是放棄進攻的念頭。

當國主得知自己的國家多虧這名老母親的智慧才能得救，一改之前認為老人沒有用處的錯誤想法。

國主給了這對母子許多賞賜，並撤回之前的命令，從此之後善待國內的老人家。

將沒有生產力的人帶到深山丟棄是非常極端的政策。究竟是怎樣的理由，才能容許這樣的政策呢？雖說如今的日本社會面臨了非常嚴重的高齡化問題，但現今的日本絕對不可能制定「棄老」政策。

不過，因為少子化的影響，日本的年輕世代人口逐漸減少，由年輕世代來負擔社會保障費用變得益發困難。

由於社會保障費用不斷增加，社會上也出現是否讓高齡者負擔部分費用的議論，可是在高齡者之間「富裕階層」與「貧困階層」的差距愈拉愈大的現狀下，對貧困階層的高齡人士來說，還要再增加他們原有的負擔，等於是實質上的「棄老」。

這麼一來，**說到底就只是「程度」與「說法」的問題**。

倘若政策的施行無法方方面面都盡善盡美，就一定會有人在某些方面遭受到損失。

在這樣的狀況下，被迫面臨痛苦決斷的權力者，又該怎麼做呢？

一五一十地老實交代明知會招致部分國民反感的事情，肯定遭受抨擊。

那麼，說不定**「方便妄語」、「白色謊言」，正是身為權力者最需要的才能了**。

賭徒是最不了解「機率」的人

■為何「彩券」會熱賣？

如果問我現在最喜歡哪一個綜藝節目，我會回答**朝日電視台的《十萬圓能辦得到嗎？》**（10万円でできるかな）。

這個節目是由「Kis-My-Ft2」成員[1]出外景購買十萬圓的彩券或刮刮樂、千圓扭蛋或福袋之類，看是否能夠回本，再由日本搞笑藝人二人組「三明治人」來檢證該段影片。

我偶爾也會買刮刮樂，而且一定是買**「汪喵刮刮樂」**。帶狗狗出門散步時，回家會順路買個兩千圓，邊刮邊想「希望能中獎，中了就來吃頓美味的晚餐。」可惜

1　日本傑尼斯事務所旗下的七人男子偶像團體。

骰子出現點數的期望值

出現點數	1	2	3	4	5	6
	×	×	×	×	×	×
機率	$\frac{1}{6}$	$\frac{1}{6}$	$\frac{1}{6}$	$\frac{1}{6}$	$\frac{1}{6}$	$\frac{1}{6}$
	＝	＝	＝	＝	＝	＝

$$\frac{1}{6} + \frac{1}{3} + \frac{1}{2} + \frac{2}{3} + \frac{5}{6} + 1 = 3.5$$

↑ 期望值

大多沒中，頂多刮中兩百圓的六等獎，用來買刮刮樂的兩千圓就這樣沒了。

也許有人會批評買彩券或刮刮樂的人**「等於把錢丟進水溝裡」、「會買期望值低於本金的彩券，是資訊弱勢者才會做的事」**。我也曾被人這樣念過好幾次。

話說，所謂的期望值（Expected Value），指的是隨機競技的結果平均值，可以視爲是平均的結果。

舉例來說，骰子的點數是一至六點，期望值是三．五。

無論哪一面，出現的機率都是相同的。一點會出現的機率與六點會出現的機率是一樣的。

擲骰子時會出現哪一面，可以預測有六個結

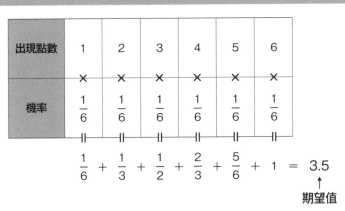

果，取其結果的平均點數卽是三・五。這就是期望值。

那麼，讓我們來計算一下二〇一九年「年末JUMBO彩券[2]」的期望值吧。

除了一等獎到七等獎，包含年末幸運獎在內，一注三百圓的彩券期望值是一百五十圓。也就是說，**投入三百圓的話，平均會拿回一百五十圓**。雖說偶爾會開出七億圓大獎，大半都是連一毛都拿不回來。

這麼一來，各位應該明白買彩券是多虧本的事了吧。當然，一旦「中獎」就有可能賺上一筆，只可惜大半的彩券都「不會中」，所以期望值才這麼低。

而計算「汪喵刮刮樂」的期望值，一注兩百圓的期望值是九十圓。等於**投入兩百圓的話，平均會拿回九十圓**。

相較於「年末JUMBO彩券」的期望值五〇%，「汪喵刮刮樂」的期望值只有四五%。名字明明那麼可愛，卻是一門挺狡猾的生意。

---

2 日本在年終發行的彩券，分成好幾個組別，每張彩券上有一組六位數的數字，就像對發票一樣，數字和開獎數字相同，就會有相對應的獎金。「一等獎」的獎金高達七億圓，只差前後一號也可以獲得「一等前後獎」，所以日本人通常會連續買好幾張。

2019 年「年末 JUMBO 彩券」的期望值

等級	中獎金額	中獎機率	期望值
1等獎	700,000,000	2000萬分之1	35
1等前後獎	150,000,000	1000萬分之1	15
1等不同組獎	100,000	約10萬分之1	1
2等獎	10,000,000	約666萬分之1	2
3等獎	1,000,000	20萬分之1	5
4等獎	100,000	1萬分之1	10
5等獎	10,000	500分之1	20
6等獎	3,000	100分之1	30
7等獎	300	10分之1	30
年末幸運獎	20,000	1萬分之1	2
		合計	150

「汪喵刮刮樂」的期望值

等級	中獎金額	中獎機率	期望值
1等獎	300,000	20000分之1	15
2等獎	30,000	3333分之1	9
3等獎	10,000	1000分之1	10
4等獎	5,000	313分之1	16
5等獎	1,000	50分之1	20
6等獎	200	10分之1	20
		合計	90

既然已經知道期望值不高，那我是否會就此不再買刮刮樂呢？不，我還是會照買不誤。

理由在於，**我之所以會購買刮刮樂，是為了享受刮獎當下不知能否中獎那種雀躍的刺激感**。

「等於把錢丟進水溝裡」、「期望值低於本金」並非我在意的點。因爲我買刮刮樂的目的不在於中大獎，而是追求那種雀躍的刺激感，即使沒中獎我也已經達到了目的。

因此，購買「汪喵刮刮樂」這件事對我而言，已經符合成本效益。**除了買刮刮樂之外，還有其他服務花兩千圓就能讓人體會到雀躍的刺激感嗎？**

從《十萬圓能辦得到嗎？》這個節目的超高人氣來看，想必有不少人都跟我一樣想要享受雀躍的刺激感。況且看電視又不花錢，想必更能輕鬆地樂在其中吧。

■「有二必有三」的偏誤

二〇二〇年一月十三日播出的《十萬圓能辦得到嗎？》特別企畫「買年末JUMBO彩券會中多少？！」，因爲連續開出高額獎金，現場氣氛非常熱烈。

除了「Kis-My-Ft2」之外，「三明治人」、「EXIT」、「楓葉超合金」、「四千頭身」等搞笑藝人組合也上了該集節目。全員共計十六人，每個人各自買了三百三十三張，總金額約十萬圓的「年末JUMBO彩券」或「年末JUMBO迷你彩券」[3]。因爲連續開出高額獎金，十六人之中就有五人的獲利超過十萬圓。

其中，「Kis-My-Ft2」成員藤谷太輔所買的三百三十三張「年末JUMBO迷你彩券」中，竟有六張中了四等獎一萬圓（中獎率〇．三％），相信電視機前的不少觀眾都被演藝人員的超狂籤運或超強好運給嚇到。

不過，也有人質疑不可能這麼容易中獎，認爲節目爲了效果而造假。

3　一等獎的獎金為三千萬圓，售價同「年末JUMBO彩券」，一張都是三百圓，但「年末JUMBO迷你彩券」的中獎名額較多。

在此，我們使用名爲「二項分布」（Binomial Distribution）的方法來計算一下藤谷的超狂籤運究竟有多少機率。

「拋硬幣的話，不是出現正面就是反面」、「買彩券的話，不是中獎就是沒中獎」。像這樣結果只有兩種的試驗，稱之為「伯努利試驗」（Bernoulli Trial）。

將成功的機率以p來表示，失敗的機率以（1-p）來表示。

通常的「拋硬幣」（Coin Toss），無論進行一次或兩次，成功機率p都是一樣的，而且第一次試驗並不會影響到第二次試驗的機率。也就是說，成功機率若因爲是第幾次的試驗而有所改變、或是眼前的結果將影響下一次的試驗結果，就不能稱之爲「伯努利試驗」。以本次節目中的彩券爲例，由於成功機率p都一樣，第一張彩券並不會影響到第二張彩券的結果，因此「伯努利試驗」可以成立。

進行「伯努利試驗」n次，將成功次數X的機率分布稱之爲**「二項分布」**。由於這部分比較難理解，接下來就讓我們依序說明。

舉例來說，假設拋硬幣（正面出現的機率是五〇%）十次，會出現幾次正面呢？有可能連一次都沒出現，也有可能連續出現十次，一般大多是四到六次吧。在此以

二項分布

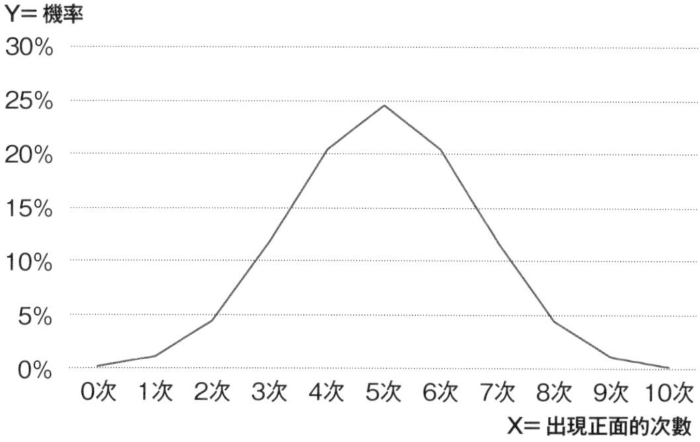

0次	1次	2次	3次	4次	5次	6次	7次	8次	9次	10次
0.10%	0.98%	4.39%	11.72%	20.51%	24.61%	20.51%	11.72%	4.39%	0.98%	0.10%

※數值為四捨五入

二項分布來表現出現零次的機率、連續出現十次的機率、出現五次的機率。

此處省略繁瑣的計算過程，其結果如上圖所示。

當結果不是正面就是反面，投擲硬幣的次數爲十次，一般認爲正面出現五次的機率應該最高（剛好是十次的一半），但實際上出現五次的機率只有二五%。

從上圖可知，正面出現四次和六次的機率各爲二〇%，加上出現五次的機率，一共是六六%。也就是說，連拋硬幣十次的試驗**如果進行三回合，其中兩回合「正面會出現四至六次」，另一回**

合則是「正面出現零至三次，或是七至十次」。

正面出現的機率爲五〇％，但連拋十次硬幣卻沒出現過一次正面，這個現象出現的機率大約是〇・一％，雖說少見，但也並非完全不可能發生。

因爲現象發生的機率會與實際的結果產生偌大的背離。

一開始連續兩次出現正面，或連續四次都出現反面，就短期來看會像圖中所示，「正面出現的機率」出現大幅度的震盪起伏。

隨著試驗重複數十次以後，機率就會漸趨穩定，最後收斂爲現象發生的機率。

伯努利試驗的機率收斂（例）

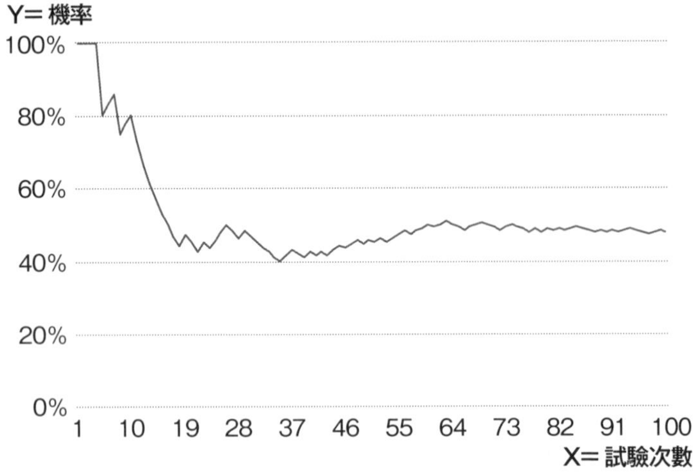

冷靜思考的話，事實的確是如此，應該還是有很多人無法理解吧。也許**人類天生就不太擅長機率這方面**。

假設一台扭蛋機能抽到「超稀有版」的機率只有一%，那花錢扭一百次卻仍抽不到「超稀有版」的機率是多少呢？

這也可以視爲一種「伯努利試驗」。因爲扭蛋的前提是機率不會因爲你每一次抽而改變，第一次抽的結果也不會影響到第二次抽的結果。

與其從「有一%的機率可以抽到」這一點來思考，不如換個角度，從「九九%的機率會抽不到的結果連續發生一百次的機率」來思考。

正確答案是三七%左右。抽不到的機率是不是比想像中還高？

仔細思考的話，就會知道「機率只有一%的話很難抽中」，但以直覺來思考就會覺得「抽一百次的話應該會中吧」。正是這樣的落差造成了人們極大的「判斷錯誤」。

過於依賴「運氣」的人們

那麼，接下來讓我們用二項分布來計算藤谷太輔買的三百三十三張彩券裡中六張四等獎一萬圓（中獎機率〇．三%）的機率吧。

四等獎的中獎機率是三百三十三分之一[4]，即〇．三%。沒中四等獎的機率是九九．七%，我們先來思考一下連續三百三十三次沒中的機率是多少。

正確答案是三七%左右。反過來說，中一張以上的機率是六三%左右。

詳細機率如左圖所示。順帶一提，左圖雖然省略掉，三百三十三張裡中十張以上的機率是〇．〇〇〇〇一%，機率非常低。

根據美國國家安全運輸委員會的調查，從全世界航空公司的綜合平均值來看，飛機墜落的機率是〇．〇〇〇九%，中十張的機率竟比墜機的機率還低。

藤谷買的三百三十三張彩券裡中了六張，其機率約〇．〇五%，一萬次裡只會

4　二〇一九年「年末JUMBO迷你彩券」的四等獎（一萬圓）中獎機率為三百三十三分之一。

333 張彩券裡中 1 萬圓（中獎機率 0.3%）n 張的機率

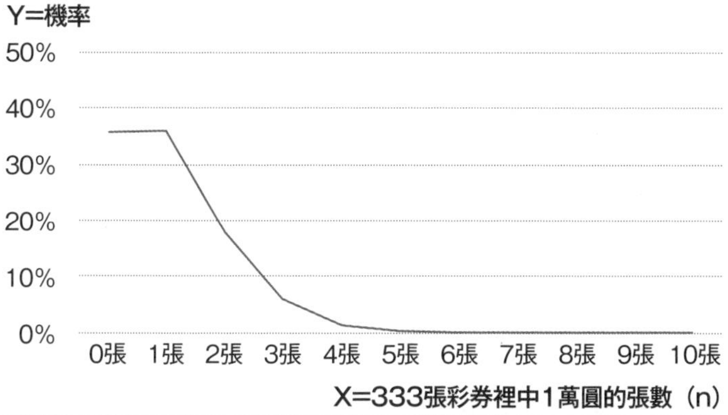

0張	1張	2張	3張	4張	5張	6張	7張	8張	9張	10張
36.73%	36.84%	18.42%	6.12%	1.52%	0.30%	0.05%	0.01%	0.00%	0.00%	0.00%

發生五次。

如此低的機率確實少見，所以才有人認爲是節目造假，**但即使機率很低，也不能就此斷言「絕對不可能發生」**。

即使是不常看到的現象，其發生的可能性也不是零。

舉例來說，拋硬幣時正面連續出現五次的機率爲三%左右，雖說機率不高，但就算眞的發生也不足爲奇。

由此可知，人們對於機率的判斷容易有誤，這樣的傾向稱之爲「**賭徒謬誤**」。

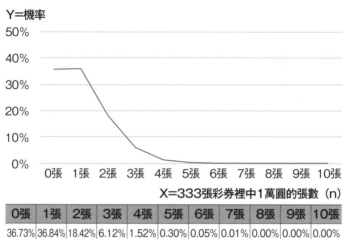

27

【賭徒謬誤】Gambler's fallacy

以主觀思考優先，而不是根據機率論進行預測的傾向。舉例來說，在僅進行數次試驗的狀況下，連續出現正面、正面、正面時，人們就會根據之前的結果來預測「下一次一定是反面」、「接下來應該也會出現正面」（正面跟反面出現的機率本就各為五〇％）。

◎具體範例

一九一三年八月十八日在蒙地卡羅賭場的輪盤遊戲（roulette）中，發生珠子連續二十六次掉進黑格的事件。假設輪盤沒有做任何手腳，珠子連續二十六次掉進同色格子（紅或黑）的機率是六千六百六十萬分之一，是極為稀有的現象。當時覺得「都已經連續掉進黑格那麼多次，接下來一定是紅格」的賭徒想必已經破產了吧。

連拋硬幣五次都出現正面時，第六次不是正面就是反面。因爲拋硬幣屬於「伯努利試驗」，無論進行再多次機率都不會變，前面的結果也不會影響到後面。

但是，**賭徒會相信所謂的「氣勢」或「運氣」，試圖從隨機的結果中找出傾向，因而判斷錯誤，輸了大錢**。

位於東京有樂町的「西銀座 Chance Center」被稱爲日本最多人排隊的彩券行。尤其到了販賣「年末 JUMBO 彩券」的季節，前來購買彩券的客人更是大排長龍。

之所以有這麼多人在「西銀座 Chance Center」排隊買彩券，因爲這裡是**「連續開出高額獎金的彩券行」**。這麼說應該有人會吐槽，既然來這家彩券行買的人多到大排長龍，開出高額獎金的機率自然也會比其他家高。

像這樣子，無法根據正確機率來判斷的傾向，稱爲**「輕忽機率偏誤」**。

28

【輕忽機率偏誤】Neglect of probability

判斷時忽視機率的傾向。由於人們無法靠直覺掌握機率，往往過度高估幾乎不太會發生的小風險，或是反過來低估風險，認為「這種事不太可能發生所以不用擔心」，因而疏於採取對策。

◎具體範例

「飛機」、「電車」、「船」、「汽車」之中，發生事故機率最高的交通工具是「汽車」，但也許是墜機事故給人的印象太過強烈，因此有不少人不敢搭乘飛機。另一方面，日本三一一大地震所引發的福島第一核電廠事故，即使其直接原因是地震、海嘯，卻因為「如此大規模的地震不常發生」，全國的核電廠之後還是重新啟動。

也就是說，人類是**「極不擅長機率思考」**的生物。

藤谷中了六張一萬圓的彩券，就機率來說算是「不太常發生的稀有案例」。

但即使是「稀有案例」，就機率而言依舊是「有可能發生」的案例，並非「節目的工作人員如果沒做手腳就絕不會發生」。

因此，以「稀有」爲由說那是「節目故意做的效果」，委實有些勉強。

爲何會有這樣「先入爲主的偏見」，主要是忽略了「即使不常見，仍有一定的機率會發生」這一點。

正如前面「輕忽機率偏誤」中提到的具體範例，這一點就跟「因爲大地震不常發生，核災對策暫且延後也沒關係」的想法很類似。

當然，關於核電事故的問題各界的立場都不同，但光從機率來說，足以引發核電事故的大地震再次發生的可能性，無疑是「雖然少見，就機率來說並非不可能」。

但人們的思考傾向就是會在判斷時忽視機率。

經常聽到有人批評賭博或買彩券的人：「反正又不會中，會買的都是笨蛋。」、

「你不會計算機率嗎？」

我並非說這樣的批評本身有錯，但說這話的人其實也是從單方面思考，並不了解人性的本質。

對在西銀座（Chance Center）排隊買彩券的人說：「你們真的很不懂機率。」其實就像在說「地球是圓的」一樣，只不過是在複述事實，這麼做其實沒什麼意義。

而且，批評他人買彩券的人，自己其實也會在其他事上做出輕忽機率的行動。

如果能夠「洞察」人們的本質就是不擅長機率思考，就可以活用這樣的心理，想出**「惡魔的方法」**。「彩券」至今依然暢銷不墜，以及手機遊戲之類盛行的「抽獎」，不正是這個「洞察」的結果嗎？

雖說如此，對機率論如果沒有一定程度的理解，就有可能被活用機率騙人的奸商當成肥羊，因此受騙上當。

不過，如果有人反駁中這些奸商圈套的緊張感也是另一種令人雀躍的刺激感，那也算是符合人性的本質吧……。

「排行榜」就是「權威掛保證」？

■為何日本人都「喜歡排行榜」？

日本人是公認的喜歡排行榜。古有「相撲排名表」今有「理想上司排行榜」，不論古今東西，所有事物都喜歡分級或加上排名。

分級並非日本人才會做的事，總部位於法國的世界級輪胎製造商米其林所發行的《米其林指南》就對全球的餐廳、飯店進行評鑑與分級。無論在哪一個國家，都有許多人造訪《米其林指南》推薦的星級餐廳。

為什麼人們會如此輕易地相信「排行榜」呢？

如果是根據面積或人口等萬國共通的「基準」所制定的排行榜，或是具備公信力值得信賴的排行榜自然另當別論，其中也有因爲跟一般人的感覺不同而成爲話題的排行榜。

例如不動產、住宅相關資訊網站「SUUMO」每年發表的「最想居住的街道排行榜」，其公信力雖然不低，卻是經常引發議論的排行榜之一。

二〇一九年「關西版最想居住的街道（車站）排行榜」的前二十名中，京都站（JR東海道本線）榮登第七名，第十二名是桂站（阪急京都線），第十四名是嵐山站（阪急嵐山線），與前年相比，京都勢力的排名提升了不少。

另一方面，根據同一時期發表的「最想居住的自治體排行榜」，在京都勢力中，京都市中京區排名第十，第十六名是京都市北區，第二十名是京都市左京區。

但是，「車站排行榜」中排名靠前的「京都站」屬於「下京區」，桂站與嵐山站屬於「西京區」，**跟「最想居住的街道（車站）排行榜」的結果似乎自相矛盾**。

因爲在「最想居住的自治體排行榜」中，下京區排名第三十，西京區排名第四十七，對照「最想居住的街道（車站）排行榜」，可以看到兩者之間極大的落差。「車站」與「自治體」的排行榜之所以會出現這樣的背離，我認爲問題可能出在「印象」。

雖說這只是我個人的猜測，就像東京的品川站其實位於港區，目黑站其實位於品川區，**對京都具體的地理不熟的人，也許會以為京都站就位於中京區**。

對京都不熟的人說不定是憑「印象」將「京都站」當作代表京都的車站，將「中京區」當作代表京都的自治體，「最想居住的街道排行榜」中也許就包含了這樣的回答。

話說，「〇〇排行榜第一名」乍聽之下似乎很厲害，但要成爲第一名其實並非難事。

舉例來說，日本最大規模的線上購物中心樂天市場（Rakuten）中的商品可以分類爲六大項，點選其中一個大項進去後，又可細分爲三十九個小項。

點選其中「減肥、健康」這個項目進去後，又分爲「減肥」、「營養補充品」、「健康食品」等八個種類，點進「減肥」這一項又可分爲「減肥飲料」、「減肥點心」等六個小項目，點選「減肥飲料」的話，還能分爲「減肥茶」、「減肥咖啡」等九個更小的項目。

既然可以分類得這麼細，想要獲得「分類第一名」相對來說較為簡單，而且還是可以打著「分類第一名」的幌子來宣傳。除此之外，還可以用性別或年齡層作爲分類的「基準」進一步細分，就更容易得到排行榜第一名了。

■名為「客觀數據」的陷阱

排行榜大半是依據銷售數量等實際的數據來排名，或是根據顧客意見調查的回答數來排名，大致採用的就是這兩種方法。

尤其行銷的現場特別重視從顧客意見調查得出的排行榜。**單一個人的意見是主觀，如果收集到多數人的意見，就可視為是通用的「客觀」**。意見的數量愈多「客觀性」愈高，「個人」意見的重要性相對就會降低。

但許多人都不在意「樣本數」（sample size），只是盲目地相信排行榜。這種傾向稱之爲**「對樣本數不敏銳」**。

29

【對樣本數不敏銳】Insensitivity to sample size

只調查少數樣本就自認已經掌握了全體樣貌，或是只關注代表性的數值。尤其是「機率（%）」，因為忽視樣本的數量而誤判數字。沒有聽取大眾的意見，只憑少數的「正面」意見，就對外宣傳「大受好評」是錯誤的做法。

◎具體範例

拋硬幣四次只出現一次正面，就將該枚硬幣視為「正面出現率二〇%的硬幣」是錯誤的做法。假設硬幣出現正面的機率是五〇%，只拋四次就想確認這一點是否為真，這就是樣本數不足。

除此之外，像是對外宣傳「八〇%的人都認為B比A好吃」，如果回答人數只有十人，向更多人詢問意見的話，結果有可能會改變。

樣本數當然是愈多愈好。不過，無條件地詢問多數人的意見不見得就是好的做法。

比方說，在新宿車站前詢問ＯＬ（Office Lady，女性上班族）喜歡的服飾品牌，得到的結果可以當作「代表ＯＬ的意見」嗎？雖說同爲ＯＬ，但新宿的ＯＬ與丸之內的ＯＬ，還有品川的ＯＬ，喜好應該不盡相同吧。而且新宿本有許多服飾店，該名ＯＬ在回答時可能想起剛才逛過的品牌，這麼一來，結果就有可能產生偏頗。

樣本數除了數量，其品質也很重要。

進行市調時，應該盡量避免原始數據的偏頗，原始數據的收集方式若不正確，分析者就必須重新從數據的「計測」開始，這樣的案例經常發生。

基本上，**想要計測並分析客觀的數據，必須依循下頁圖中的正確流程**。沒有經過這個流程的排行榜，就可以視爲出於某種意圖刻意捏造的「假排行榜」。

因爲不明白「數據分析的內幕」，我們才會輕易地相信他人捏造的排行榜或分析結果。

「正確數據分析」的流程圖

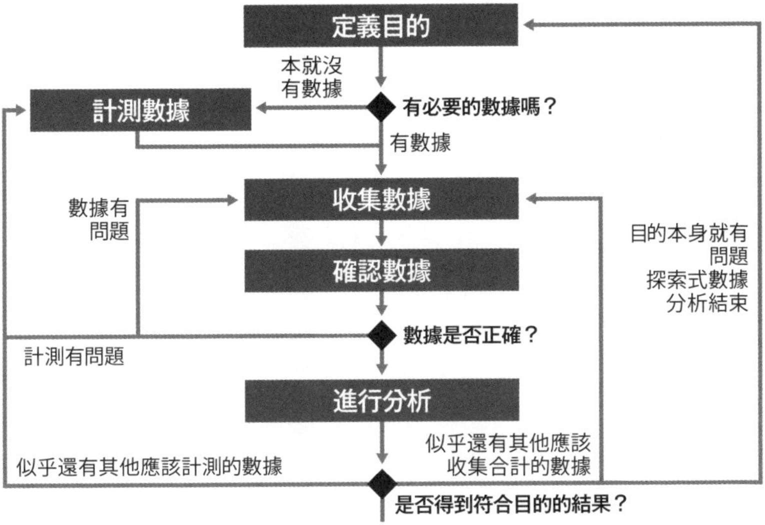

■「數字」其實可以捏造

如果要讓排行榜成爲「客觀的」資訊，就必須站在**「數據可以輕易捏造」**的觀點，小心留意以下兩點。

第一點是**「數字的可信度」**。

像「樣本數（量）原本就少」或是「樣本數偏重特定的年齡層、場所、嗜好」等，爲了確保排行榜的可信度，採樣的方法非常重要。統計學正是能夠擔保樣本的數量與品質的一門學問。

因爲新冠肺炎疫情的影響，政府鼓勵企業導入在家工作制度，那麼究竟有多少企業實際改爲遠距工作的型態呢？

東京商工會議所針對這一點進行了問卷調查（調查期間爲二〇二〇年三月十三日至三十一日），並於同年四月八日公開調查結果。

實施遠距工作的企業在一千三百三十三家公司中占二六%，算是偏高的數字。

不過，當初請求協助問卷調查的企業共一萬三千兩百九十七家。從回覆調查的比例來看，問卷調查回收率僅一〇.〇%，算是極低的數字，讓人忍不住懷疑**不回覆調查的企業是否覺得與其回答「本公司沒有導入遠距工作」，乾脆不要回覆調查**。這麼一來，實行遠距工作的實際比率，應該比原本得到的數字還要低。

第二點是**「指標的妥當性」**。

只「詢問新宿車站前的ＯＬ」，對「所有ＯＬ喜歡的服飾品牌調查」而言，是有問題的做法，至少應該改變提問的方式。

舉例來說，明治安田生命保險公司每年實施的「理想上司排行榜」調查，以接下來預定就業的一千一百名男女畢業生爲對象，請他們從「綜藝節目主持人」、「運動選手、教練」、「演員、歌手」、「文化人士」各部門選出一位「理想上司」，用這樣的方式來進行排名。蟬聯三年的理想上司，男性是內村光良[5]，女性是水卜麻美[6]。

兩人當選的理由：內村是「容易親近」、「溫柔」、「可靠」；水卜則是「容易親近」、「開朗」、「有趣」。**光看這些理由，感覺調查對象只是選擇自己喜歡的藝人，讓人忍不住想質疑其「指標的妥當性」**。

反過來說，如果想製作看起來具備「數字的可信度」與「指標的妥當性」的排行榜，只要收集對己方有利的數據，就能輕易做出矇騙他人的排行榜。

拿出煞有其事的數字，多數人就會朝著該方向解釋，找出本來不存在的傾向，例如京都車站很有人氣、遠距工作相當普及、內村看起來像好上司等，**憑一己之好來解釋**。

無法解讀數字的眞正意義，只能從表面來解釋的現象，稱之爲**「錯覺相關」**。

5　日本搞笑藝人、主持人、演員、電影導演。
6　日本電視台的女性播報員，除了新聞播報，還擔任綜藝節目的主持工作。

30

【錯覺相關】Illusory correlation

A與B明明無關，卻一廂情願地認為兩者有關的傾向。像宿命論者或喜歡算命的人中，許多人都有錯覺相關的傾向。

◎具體範例

認為黑貓從眼前走過當天會發生不幸，或是自動鉛筆的筆芯斷掉那天也會發生不幸。之所以會有這樣的「迷信」，就是因為將黑貓偶然走過面前或自動鉛筆筆芯斷掉的偶然事件，與完全不相關的不幸連結起來。

■人們容易跟著「多數派」走

那麼，該怎麼做才不會被排行榜欺騙呢？

正如學會將棋的規則也不一定能贏過職業棋士藤井聰太，光是學會數據處理的方法，也不一定能培養出看穿「假排行榜」的眼力。我認爲做到這地步需要一定的洞察天分。

此外，除了具備「看穿謊言的洞察天分」的人，**「個性較不直率的人」、「難搞的人」感覺也比較不會上假排行榜的當**。

無論周遭意見如何，自己若不認同就無法釋懷的人、重視事實根據與理論的人，這樣的人雖然在同儕壓力較大的日本社會容易顯得格格不入，卻不會輕易被假排行榜欺騙，這一點來說是相當優秀的人才。

反過來說，多數日本人無論好壞都容易附和他人的意見，只要周圍說「好」，自己也就覺得「好」。與其將「日本人喜歡排行榜」視爲國民素養的問題，從衆的民族性應該才是最大的理由。

不過，掌握這樣的日本人民族性，活用「排行榜」的「魔力」是創造「狂熱」的必要技巧。**因為大多數的日本人會沒確認過事實就輕易地相信排行榜的排名**。

即使不是排行榜，像美食評比網站「Tabelog」或美食餐廳指南「GURUNAVI」

之類，以星數來評價餐廳的網站，也可以看到類似的傾向。

多數消費者並不知道這些網站是基於怎樣的邏輯來給星，就輕易相信上面的星數來決定是否要去那家餐廳。

當然，「Tabelog」或「GURUNAVI」是根據使用者的評價來給星，這些網站上的「星數」也可以視爲「得到多數派支持的證據」。

因此，靠排行榜或「星數」來判斷，就某個意思來說，算是將判斷委由「多數派」來決定。

大家都在做、大家都在用、大家都在玩、大家都在吃。「大家」簡直就是魔法的咒語。

多數人都在使用的事實能夠降低消費者的心理防線，減少他們在購買時的猶豫。智慧型手機 APP 的廣告中，最後兩秒一定會出現「超過○○萬人下載」這類必殺廣告文案，向消費者強調「大家都在使用這個 APP 喔」。

尤其對輕度用戶而言，排行榜是特別容易營造「狂熱」的行銷手法。但過度頻繁使用的話，反而會適得其反，造成用戶的信任流失，因此還是要適可而止。

人們只看得到「自己願意相信的東西」

■「洗血醫療」是偽科學嗎？

從靜脈抽取自身血液一〇〇至二〇〇cc，混合「醫療用臭氧」後再重新注入體內的「洗血」曾在網路上風靡一時，引發極大話題。稱「洗血」是二〇一九年下半年的流行詞彙之一也不爲過。

氧具有殺菌或漂白的功效，將其同素體「臭氧」混入血液中，聽說可以改善血液循環，並提升免疫力。實際上，原本暗紅的血液眞的在一瞬間變成鮮紅色，也許有人光看這樣的變化就覺得有效。

不過，從靜脈抽出的血液本就是暗紅色。血液中名叫「紅血球」的細胞成分內含「血紅素」這種色素，一旦與氧結合就會變成鮮紅色。

動脈中的血液含有的血紅素含氧量高，所以是鮮豔的紅色，而靜脈中的血液含氧量低，所以看起來顏色暗沉。

也就是說，即使不接受「洗血」，人體內的「肺」本來就具備了同樣的功能，有必要特地花錢去做這件事嗎？

聽說還有人主張「德國發表的論文已證明洗血有效」，針對這樣的主張，科學家也提出了反駁「該篇論文的可信度令人懷疑」、「FDA（美國食品藥物管理局，U.S. Food and Drug Administration）禁止在醫療使用臭氧」。

不過，既非科學家、也不具備科學知識的人當中，也有人因爲接受洗血後身體狀況剛巧變好，因此認定**「這都是洗血的功勞」**。

即使缺乏科學根據、連可信度都令人懷疑，卻被當成煞有其事的理論廣爲流傳的說法，一般稱之爲「僞科學」。相信這些說法的人，經常在網路上被打臉，或是成爲被群嘲的對象。

除了「洗血」之外，這世上仍存在許多諸如「負氫離子水」、「益生菌」、「負離子」、「順勢療法」之類被評爲「效果沒經過驗證」、「缺乏科學根據」的商品，代表這些商品仍有一定數量的支持者存在，這也是不爭的事實。

爲什麼我們會被這類「僞科學」商業手法欺騙呢？

怎樣才能稱之爲「科學的手法」呢？關於這一點衆說紛紜，在一般的認識中，**「效果已經由實驗證明」、「該實驗結果他人也可以重現」就是「科學的」**。

換句話說，效果的「根據」無法經由他人重現、不能以統計等方法證明其有效性的事物，就可以視爲「僞科學」。

例如，「對水罵髒話，水結冰後就會結出難看的結晶；對水說好話，水結冰後就會結出漂亮的結晶。」介紹這種內容的書竟然眞的存在，但這個現象應該很難藉由實驗重現。

除此之外，還有作爲其根據的「數據資料」其實是造假捏造的事例，以造假數據資料爲根據的說法當然不科學，這一點應該不用我多說明吧。

■怎樣才算「符合科學」？

眞正「科學的方法」其實相當嚴謹，必須經過下圖中的每一道過程。

「科學的」檢驗過程

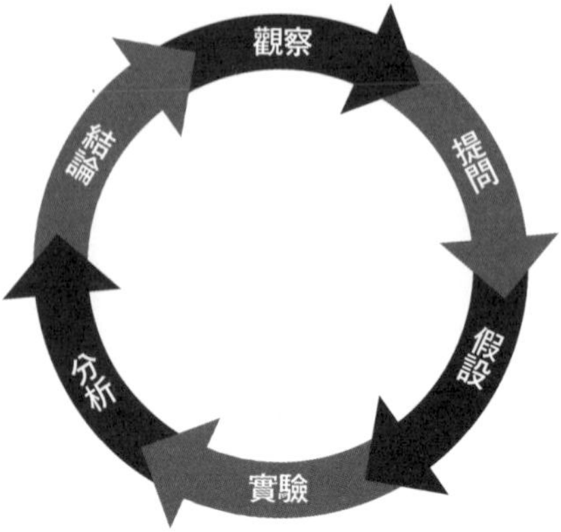

首先，經由「觀察」對象，提出爲何會產生這種現象的「疑問」，探討其理由後建立「假設」。接著再經由「實驗」來驗證該「假設」是否正確，「分析」結果之後導出「結論」。

即使實驗結果可以證明假設爲眞，當對象或環境改變，也有可能無法重現該實驗的結果。例如心理學的實驗，如果在其他文化圈進行相同實驗，有可能會出現完全不同的結果。

所謂「科學」，指的就是經由如此嚴謹的過程，來證明客觀事實的方法。光靠一次的實驗結果就斷定假設是正確的，這樣的做法根本不科學。

Marketo 公司[7] 的日本法人代表福田康隆在其著作《THE MODEL》中提唱「科學的」業務過程，此處「科學的」一詞意指**「將原本屬人的業務模式，切換為過程合理明確且『重現性高』的業務模式」**。

之所以需要如此嚴謹的過程來證明客觀的事實，理由在於人們本就容易以主觀的獨斷或偏見來看待事物。

以「獨斷和偏見」來進行判斷，也就是先有結論再去找自己想相信的數據資料來佐證，這樣的傾向我們稱之爲**「觀察者期望效應」**。

7　美國的上市 SaaS（Software as a Service，使用者可以透過網路連接至雲端應用程式，省去了以往傳統軟體繁瑣的安裝步驟）軟體公司，以行銷自動化軟體起家，成立於二〇〇六年，二〇一三年在美國那斯達克（NASDAQ）上市。二〇一八年被 Adobe 公司收購。

31

【觀察者期望效應】Observer-expectancy effect

研究者下意識地只尋找跟自身假設一致的數據，或忽視與自身假設相反的數據，因此錯誤解讀數據的傾向。一旦有了「就是這樣」先入為主的偏見，就容易以偏頗的角度來看待數據資料。

◎具體範例

關於新冠肺炎的對策，輿論分為「應該積極進行PCR檢測」與「不該過度增加需要隔離的感染者，PCR檢測應該限縮檢測對象」兩派，不僅是電視台，就連網路上也展開了唇槍舌戰。雙方以理論否定對方主張的同時，還拿出只符合己方假設的數據資料佐證，彼此看似在交流對話，其實只是各執一詞，各說各話。

一旦遵循科學的程序，因爲過於重視客觀的事實，比較容易採用「無法斷言無效」這類模稜兩可的不明確說法；反倒是「僞科學」由於不太重視客觀的事實，反而會採取「確實有效」這樣確信的口吻。

比起「模稜兩可的口吻」，消費者更喜歡「確信的口吻」也是事實，只要看之前有關STAP細胞（刺激觸發性多能性獲得細胞，Stimulus-Triggered Acquisition of Pluripotency cells）的大騷動[8]可得知，比起「科學的研究」，「僞科學」往往更能讓人「狂熱」。

■批判反而會強化對方的「信仰」

說到「僞科學」爲何如此容易招致人們的不滿與抨擊，與其說是「有關科學妥當性的議論」愈來愈盛行，我認爲原因應該在於「僞科學是一種詐欺」的認識已有

8　二〇一四年，日本理化學研究所研究人員小保方晴子等人宣稱發現一種新型萬能細胞「STAP細胞」，製作方法不但比當時獲得諾貝爾生理學或醫學獎肯定的iPS細胞更簡單快速，其功能與副作用也遠優於iPS細胞，因此引起全世界的高度矚目。但論文內容隨即遭到相關領域研究者批評有誤，甚至有捏造的嫌疑。同年十一月，重現實驗失敗，之後小保方晴子辭職離開理化學研究所。

一定程度的普及。

「僞科學」也是一種商業詐欺。不幸相信「僞科學」的人，就像邪教的信徒那般，是遭到洗腦的「被害人」，**看到這樣的人，忍不住會讓人覺得應該以「正確的科學知識」來矯正他們根深柢固的獨斷與偏見，藉此「啟蒙」這一群人**。

然而，對相信「僞科學」的人而言，他們無法理解自己明明沒有惡意，爲何自身的信仰要遭受他人單方面的批判，因此引發情緒上的反抗。

即使批判是對的，也有人因此改正自身的想法，但大多數的狀況都是對方反而因此變得愈發頑固，牢牢緊抓著自己的想法不放。後者的現象稱爲**「逆火效應」**。

32

【逆火效應】Backfire effect

當人們看到不想相信的資訊，或是對自身想法不利的證據，比起改變原本的信念，人們傾向於更加堅信當初的信念。所謂的「逆火」，指的是引擎中燃燒不完全的汽油在引擎外爆炸的現象，backfire 可以引申為「適得其反」的意思，已成為英文中的慣用說法。

◎具體範例

一般來說，輿論分為兩派的問題（在日本國內的話就是沖繩問題、核能發電問題、新冠肺炎的應對，以及其他與國際政治相關的問題）最容易引發逆火效應。人們對於與自己不同立場的資訊，容易劈頭就認定那是謊言，這樣的光景在日本也很常見。這樣的效應，正是假新聞滋生的土壤。

對相信「偽科學」的人說：「那根本不科學！」這樣的反駁可能會適得其反，讓對方愈發深信「偽科學」。

我自小就被教育**「當你伸出食指指責他人，除了食指以外，中指、無名指、小指全都朝著你自己。當你指責他人的錯誤時，更該花費三倍的心力來自省。」**指責對方的錯誤本就是一件困難的事情。

■利用「分裂」的人&被「分裂」利用的人

將不科學的「僞科學」用在商品的促銷上，實在不值得稱道，看到認識的人沉溺於「僞科學」時，還是想以「正確的」科學知識盡可能地說服對方。

不過，同時也要留心自己出於善意的「說服」有可能引發「逆火效應」，反而加深彼此之間的鴻溝。

此外，就創造「狂熱」這個觀點來看，向消費者提示「有可能引發風潮、令人耳目一新的僞科學」來販賣商品，算是有些過時的「商業詐欺」手法，**反過來利用「人們看到錯誤知識就想糾正」的傾向，才是最符合社群媒體普及時代的新手法**。

美國前總統川普就是採用這樣的手法，他積極地在推特上發出「容易撕裂輿論、引發爭論的話題」的貼文，藉此來鞏固支持自己的基本盤。其目的就在於「引發爭論」，即使貼文的資訊多少有誤，他也不以爲意。

民主派人士愈是批評川普總統的發言是「假新聞」，反而愈是引發支持川普選民們的「逆火效應」，更加鞏固他們對川普的支持。

就像以「科學」來批判「僞科學」會招來反效果，對「假新聞」批判「那是假的」，也無法改變人們的想法，結果反而讓現狀的分裂更加嚴重。

因此，爲了克服這樣的手法，比起容易強化「分裂」的強行說服，更需要的應該是「與不同意見的對話」。

舉例來說，有人認爲太陽照亮地球是「神的恩典」。但從科學的角度來看，其實那只不過是「太陽的核融合反應」，前者的想法是錯誤的。

但是，對方之所以會相信那是「神的恩典」，也許是出於其祖先或家庭、朋友的關係，或是與其重要的回憶有關，對那個人而言有特別的意義，這是光從外部難以窺知的內情。這麼一來，**光靠「科學的謬誤」這一點就批評對方的信念，其實也只是看到了事物的單一面向**。

在批評之前，先與對方「對話」，明白對方的想法，等建立了互信關係之後，有必要時再提供正確的科學知識給對方，這應該是比較好的做法。**除了「科學與否」的問題之外，「對那個人而言是否有價值、意義」也是不容忽視的重點**。

「科學」與「價值、意義」絕對不是相反的概念，兩者原本就可以同時成立，對於每個人各自的價值觀，以「原來你的想法是這樣啊」一句話來回應卽可。

不尊重對方的想法，只要看到「僞科學」就大肆批評，不也是一種基要主義嗎？當這樣的想法走向極端，「極端的言論」反而可能招來他人對你的批判。

人們並非只活在「科學的世界」，正如我們會因爲美麗的花朵或繪畫而心動，被優美的音樂療癒，人類是會從感性的事物中感受到喜悅的生物。

工作中刻意去買罐裝咖啡來喝，不單只是爲了解喉嚨的渴，同時也是想要轉換一下心情，如果順便請同事喝罐咖啡，還能向對方傳達「工作辛苦了」的慰問心意，有利建立良好的人際關係。

罐裝咖啡的飲料製造商就是洞察到這項「與原本功能完全不同的意義與價值」，才會在電視廣告中積極加入這樣的價值來宣傳。

只從「對或錯」、「好或壞」這樣單純的二元對立論來看待事物，就容易被偏誤所蒙蔽，讓你離「洞察人性」愈來愈遠。

第6章

人本就是「矛盾」的生物

童話

斗笠地藏

在某個雪鄉，住著一對非常貧窮的老夫婦。年關將近，兩人卻連買過年年糕的錢都沒有。

因此，老爺爺決定去賣斗笠掙錢。他揹上所有能揹的斗笠，在下雪天來到鎮上。

可惜沒什麼人要買斗笠，老爺爺依舊沒有足夠的錢買年糕。

看樣子快要颳起風雪，老爺爺決定不賣斗笠，趕快回家。

回家路上，當原本飄下的雪花開始捲起風雪時，老爺爺看到了七尊地藏菩薩的石像。

風雪中的地藏菩薩看起來很冷，老爺爺於心不忍，決心為祂們戴上賣剩的斗笠。

他拂去地藏菩薩頭頂的積雪，為祂們一個個戴上斗笠。

輪到最後一尊地藏菩薩時，由於斗笠已經不夠，老爺爺便摘下自己頭上的斗笠戴在祂頭上，在風雪中趕路回家。

看到渾身是雪的老爺爺，老奶奶嚇了一大跳，詢問過原因後，她讚許道：「你做了一件好事呢！」並沒有責備老爺爺沒買年糕回家。

當天晚上。

老夫婦在睡夢中，突然聽到門外有重物落地的聲響。

兩人打開門看向屋外，發現自家門口堆了一袋袋的米、年糕、蔬菜、魚等各種食物，以及金幣等財寶，這些東西堆成了一座小山。

老夫婦目送著頭戴斗笠的七尊地藏菩薩在風雪中遠去的身影。

多虧地藏菩薩的餽贈，老夫婦過了一個相當豐盛的好年。

愈是冷靜思考，愈是讓人忍不住懷疑世上真有如此善良的人嗎？

隱瞞自己做過的壞事、採取只利於己的行動、向地位高的人獻媚……。這些事情，每個人自打出生以來或多或少都做過一些吧。就算是送禮給人，心中多少也會盤算著「這麼做能給自己帶來的好處」，這就是人性。

故事中沒提到老爺爺是因為期待地藏菩薩的報恩才為祂們戴上斗笠，反而讓人覺得可疑，**這個故事未免過於強調人性「善」的那一面**。

也許有人會覺得我這是以小人之心度君子之腹，但這個讓人忍不住質疑「假假的」、「未免太過美好」的故事，總覺得想傳達的似乎是與文字表面敘述的完全相反才對。

也就是說，在作者的「刻意隱瞞」下，將原本滿是煩惱的故事，寫成了乍看之下充滿善與美的溫馨故事。

有七情六慾是人性「真實的一面」。不過，**盡可能用「漂亮的好聽話」來美化七情六慾的「矛盾」心理**，才是人類的本來面目。

一方面「想要輕鬆」，卻又覺得「歷盡千辛萬苦努力向上」聽起來比較帥。說白了，就是「有心努力」，卻「不想拚命」。

人類本就是如此「矛盾」的生物。

瞄準「客觀與主觀的矛盾」趁隙而入

■人們為何會相信「占卜」？

易經占卜、風水堪輿、占星術、塔羅牌……無論東西方都有各式各樣的占卜術。追溯歷史，可以發現古代文明活用占卜的諸多證據，說人類的歷史就等於占卜的歷史一點也不爲過。

聽說日本邪馬台國的女王卑彌呼也是專司咒術的巫女，根據《魏志倭人傳》的記述，她擅長焚燒骨頭從裂紋來占卜吉凶的「卜術」。

平安時代的陰陽師也相當活躍，他們懂得以天文學爲基礎的占星術或以方位學爲基礎的風水，以此來測定曆法、規畫都市、預測氣象等，工作內容橫跨各種領域。就連舊稱「江戶」的東京，也在皇居鬼門的位置（東北方）上建立寬永寺與神田神社來鎮守，裏鬼門的位置（西南方）上建立增上寺與日枝神社來鎮守，可以說東京本身就是一座風水城市。

古代的「占卜」不同於現今的「今日運勢」這類輕鬆的內容，是用來預測國家的未來與權力者的命運，藉此進行政治判斷的重要工具。不過，在科學思考開始普及之後，占卜在社會上的重要性相對降低了。

但占卜是否因此降格爲「無用之物」呢？沒有！無論科學再怎麼進步，人們習慣將偶然事件或單純的機率稱之爲「命運」的天性還是沒變。

一九八一年至一九八九年間擔任美國總統的隆納．雷根，在遭遇了暗殺未遂事件之後，開始重用名叫喬安．奎格理（Joan Quigley）的占星師。就連第一夫人南西．雷根也非常信任她。

喬安．奎格理開始影響白宮的日常行程。白宮的月曆上會用顏色區別她建議的「好日子」、「普通日子」、「應該避開的壞日子」，再根據這些區別來安排政治行程。

由於總統過於相信占星師，當時的白宮幕僚長唐納．雷根（Donald Regan）屢次勸諫不果，後來與總統發生嚴重的意見對立，唐納．雷根於是辭去白宮幕僚長一職。

即使現代已不像卑彌呼的時代那般萬事靠占卜來決定國事，占卜與政治仍有密不可分的關係。

而在科學思考普及的今日，也出現了**「占卜其實是統計學」**的說法。從過去所累積的數據資料與經驗中找出某種「傾向」，基於那個傾向所進行的判斷就是占卜，也有占卜師提出這樣的主張。

舉例來說，「觀相學」這門占卜術能從人的「人相」或「手相」的形狀，來預測那個人的個性或命運，其實這就是一種基於統計學的判斷。

像江戶時代的知名觀相大師水野南北[1]，就曾在理髮店見習三年、接著又做過三年大衆澡堂的下人、還有三年的葬儀社工作人員，他在這些地方徹底研究無數人的「人相」與「手相」，最後確立其獨樹一格的「觀相學」。

之所以說占卜也是「統計學」，說白了就是因爲這門學問集結了「擁有這種人相的人會過這樣的人生」的「經驗法則」。雖說無法斷言占卜全是胡說八道，但說到占卜符不符合科學，還是有商榷的餘地。因爲**占卜並非調查過所有「人相」與「人**

1 日本江戶中期的觀相學大師，被視為日本人相學、手相學的始祖。提倡「節食開運說」。

生」的模式後得到的結論，而且也缺乏重現性。

■「香菇占卜」為何能提振心情？

距今十五年前，日本「占星女王」細木數子曾擔任電視節目「我就直說了！」（ズバリ言うわよ！）的主持人。細木數子老師會在節目中說出諸如「笨蛋」、「你會下地獄」、「你會死喔」之類的辛辣批評，毒舌程度令人印象深刻。

也許是當時的人們有一定程度「想被人好好痛罵一頓、激勵一番」的需求吧。但是，如果在現今的電視節目上重現當初的毒舌，可能只會招來觀眾的反感。時代眞的跟以前不一樣了。

說到當今最受矚目的「占卜」，人們首先想到的應該是在網路雜誌《VOGUE GIRL》上連載十二星座每週運勢的「香菇占卜」吧。「香菇占卜」不僅受到女性喜愛，也有許多男性支持者，人氣相當高。

每週一更新的「香菇占卜」幾乎每次都會成爲社群平台上的流行語，因此廣受矚目，連我每週也必定會確認自己的當週運勢。

「香菇占卜」的特徵及最大強處，就是獨特的用字遣詞。

「你擅於『發現不同於昨日、唯有今天才發生的改變』，並能享受這樣的變化，真的很棒呢。」、「我不是要刻意誇張，但二〇二〇年的巨蟹座一定會『創造奇蹟』。」

運用這樣獨特的表現，將人們心中的不安與焦躁轉化成正面的說法，藉此來「肯定」讀者。

不使用任何強烈的用字或負面的詞彙，而是以溫柔的話語撫慰讀者的心，應該就是其超高人氣的理由。

以溫柔的話語全面肯定讀者的**「香菇占卜」對低自尊的人而言，正是提高他們認同需求的最佳工具**。

也就是說，閱讀「香菇占卜」，沐浴在提高自我肯定的溫柔話語中，能讓人獲得猶如心理諮商般的療癒效果，所以才會吸引如此多的讀者。

人們之所以喜歡「香菇占卜」，其實無關占卜是否準確，而是爲了得到「這個禮拜也要好好加油喔！」的正面鼓舞。

身處變化劇烈的現代社會，無論工作或私生活都被迫面臨嚴格的競爭，這就是我們現代人的日常。在新冠肺炎疫情的影響下，遠距工作與外出自肅（自律地減少外出）已成爲常態，許多人因爲突然失去工作而對今後感到不安。

在這樣的情況下，任誰都會因爲漠然的不安而感到氣餒吧。

「占卜根本不準！」、「會因為占卜而患得患失簡直就是笨蛋！」看到相信占卜的人，不少人會說出這類輕視對方的言論。就「科學與否」這一點來看，占卜的確無法稱之爲科學，所以一部分的人會認爲占卜也是一種「僞科學」，並抱持著批判的眼光。

但是，**「基要主義的批判不僅無法改變對方的想法，反而會加強他的信念」**這一點，在前面「僞科學」一節中也已經討論過。

即使「占卜」本身不科學，倘若占卜能讓人放鬆或具備提高自我肯定的「功能」，就無須如此嚴厲地批判。

批判「占卜」的人應該都覺得「自己絕不會被占卜欺騙」。不過，「我沒有偏見」這樣的主張，本身也是一種偏誤，稱爲**「樸素實在論」**。

33

【樸素實在論】Naive realism

覺得自己一定不會受限於偏見，可以客觀看待事物的偏誤。因為覺得自己能夠客觀地認識現實，就認為別人的認知也該跟自己的一樣。當他人的認知與自己的不同時，就會覺得對方的想法是錯誤的。

◎具體範例

「自己投的候選人之所以落選，一定是因為選票遭到不正當的操作或做票。」、「因為自己還沒有感染新冠肺炎，所以覺得世人過度反應。」、「自家的公司沒有導入遠距工作制度，背後一定有鬼。」像這樣過度正當化自己的判斷，就會輕易相信「陰謀」這類缺乏根據的「假設」。

也就是說，**「我不會被偏見所蒙蔽」的想法，正是你的思考已經受限於偏誤的**

證據。

■「占卜」巧妙地利用了人們的偏誤

這麼說也許有人會覺得我在挑毛病，但人們往往會在無意識中做出受限於偏誤的行動或判斷。

我想說的是：**無視人性的本質，認為「我的判斷都是合理正確的」，反而容易陷入謬誤**，因爲這樣的想法本身已經被偏誤所汙染。

當思考受限於偏誤，意味著當事人的行動也會受到偏誤所限。**「自我應驗預言」**這個心理學名詞，告訴我們思考將對行動帶來極大的影響。

34

【自我應驗預言】Self-fulfilling prophecy

當事情的結果符合某個「預言」，人們就會產生錯覺，認為「那個預言很準」。其實很有可能是人們在無意識中「為了實現預言」而行動，所以得到了預言的結果。真相是人們靠自己應驗了該預言。

◎具體範例

早上起床，當你覺得「今天將是很棒的一天」，你的意識就會只注意到周圍的好事；反之，當你覺得「今天將是很背的一天」，就會只注意到壞事。類似的範例還有，當你直覺「底下的人做事不積極」，就會只注意到那些符合自己直覺的事情，並認為「我的看法果然沒錯」。

相信占卜的人因爲改變了自身的行動，因此應驗了占卜的結果，這種事很有可能發生。因爲看了「香菇占卜」而提高「自我肯定感」，之後就會只注意「好事」，結果就是更加地肯定自我。

以批判的眼光看待占卜的話，就會執著於「因爲占卜不科學所以不準」，但考量到人類的心理構造，或許抱持**「占卜是否準確，其實不是本質性的重要問題」**的觀點會更好。

除了「香菇占卜」之外，日本還有許多高人氣的占卜師，像是 Getters 飯田[2]的占卜、島田秀平[3]的占卜等。這些占卜具有許多「價値」，除了「很準」之外，還擁有「提升自我肯定感」之類可以提高人們潛意識的「動力」，所以才能博得廣大的人氣。

我這樣說的話，有讀者可能會誤會「占卜師在操縱人們」，但占卜既不是洗腦，也不會強制當事人的思考，更不會消除他們原本的價値觀。

應該說，優秀的「占卜師」熟知粉絲們的思考與行動傾向，他們會刻意選用不

2　日本超人氣占卜師，自創「五星三心占卜」。
3　日本最強命理系搞笑藝人（精通手相、風水、開運景點），開創了充滿幽默感的「島田流手相」，以自創的「色胚線」、「賭徒線」、「怪咖線」等簡單易懂的掌紋命名引發話題，獲得廣大回響。

否定該傾向的說法。這才是比較正確的看法。愈厲害的「占卜師」愈會避開個別的具體預測，將心思放在「該怎麼說才不會違背對方的期待」。

說得白一點，**「占卜」的基本原則就是「貫徹萬人通用的普遍描述」**。他們會盡可能使用模稜兩可的模糊說法，所以任誰讀了都會覺得很準。

話說我本身是巨蟹座，每次我看某老師的占卜都會覺得「真的很準」、「這個說的就是我啊」，內心相當感動，後來才發現自己看的原來是天蠍座的預測……聽起來很胡鬧，卻是我的親身經歷。

像這樣「無論誰來看都準」的效果，其實就是知名的**「巴納姆效果」**。

35

【巴納姆效果】Barnum effect

將無論放誰身上都適用的模稜兩可且普遍的記述，當作為自己量身打造的內容。

◎具體範例

「你渴望得到他人的喜歡，想要獲得賞識，卻容易自我批判。」

「你雖然有些弱點，但你大多能克服這些問題。」

「你身上蘊藏了許多尚未使用或開發的潛能。」

「乍看之下規律且自制的你，內心其實經常感到煩惱或不安。」

看到這些描述，你可能會覺得「這真的就是在說我」，但這不過是一些普遍的描述。心理學家巴納姆．佛瑞（Bertram R. Forer）在一九四八年的實驗中，讓學生根據以上描述符合自身的程度，以〇（完全不同）到五（非常符合）來打分，此時得到的平均分數是四．六二，大多數學生都回答以上描述「符合自己」。

■「客觀來看的錯誤」卻是「我眼中的真實」

「占卜」中當然也有詐騙犯、以靈異能力爲幌子騙人買東西的「靈感商法」，或是使用惡質商業手法的騙子。就算能得到再高的「自我肯定感」，購買昂貴的開運寶壺、項鍊或墓石之類，終究是不智之舉。勸誘他人買這些東西的行爲就是犯罪。

不過，我們更應該重視的是，人們之所以對「占卜」如此「狂熱」，正是因爲占卜剛好回應了人們「對現狀的不滿」。

說到底，我們爲何會因「不滿」而煩惱呢？

這個問題並非輕易就能夠回答，而我認爲這應該算是「主觀」與「客觀」的問題。現代人感覺到的「不滿」大多源自拿自身的境遇與他人比較，才會產生「不如人」或「不夠」的感覺。

反之，「幸福」並非與他人比較之下的相對感受，而是絕對的感受。覺得自己幸福與否完全取決於當事人自身的想法，屬於完全「主觀」的領域。這與第一章介紹的「錨定效應」有關。

像〈斗笠地藏〉故事中因爲貧窮而無法準備過年的老夫婦那樣的生活，在他人眼中也許是「不幸的生活」，但只要當事人覺得「我們很幸福」，那無疑就是「幸福的生活」。

不過，現代人跟〈斗笠地藏〉中的老夫婦不一樣，日常生活中我們經常拿自己跟他人比較，因此感覺到相對的「不滿」。

而爲了消除這樣的「不滿」並獲得「幸福」，就必須在金錢或社會地位方面「比別人更加優秀」，但要在競爭激烈的社會中贏過他人會非常辛苦。

我倒認爲，**人類是一種懂得接受矛盾、善於靈活變通的生物，能把「客觀上不如他人的生活」，過成「主觀上幸福的生活」**。

從這個觀點來看，比起「客觀」問題，「占卜」是一種更著重於「主觀的幸福」的服務。

相較之下，減肥食品或投資的教材、外語學習等服務，則著重在競爭中贏過他人，其目的在於「解決客觀的不滿」。

兩者雖然都志在解決消費者的「不滿」，像營養輔助食品這類「客觀的服務」，其「價值」會被「客觀地」比較，在類似商品氾濫的狀況下，終將面臨價格競爭的命運。

而著重「主觀」的「香菇占卜」現在則擁有絕對的超高人氣，一直以來都是其他競爭者難以企及的服務。

此處的重點不是該將重心放在「客觀」或「主觀」哪一項，而是我們必須「洞察」到「人類本就是矛盾的生物」這個事實。現今能夠引發「狂熱」的服務，正是基於這樣對人心的「洞察」。

以「數據」來推卸責任的人們

■《真確》一書為何會暢銷？

根據負責經銷書籍的日本出版販賣股份有限公司的資料，二〇一九年商管類翻譯書中，榮獲暢銷第一名的是《真確：扭轉十大直覺偏誤，發現事情比你想的美好》（*FACTFULNESS*，日文版由日經BP社出版，繁體中文版由先覺出版）一書。正在閱讀本書的各位之中應該也有不少人讀過這本書，就算沒讀過，應該也聽過這本書的大名吧。

書名「真確」（*FACTFULNESS*）一詞，究竟意味著怎樣的意思呢？書中的定義如下：**「以數據或事實解讀世界的習慣」**、**「正確看待世界的技巧」**。

感覺似乎是有些「高意識系」的高調耍帥內容……也許有人還沒讀就心生警戒。其實這是一本以教育、貧窮、環境、能源、人口各領域的最新統計數據爲基礎，以簡單易懂的方式來介紹世界「正確看法」的好書。讀了這本書之後，你會發現自己以爲的「常識」實在太過老舊。我自己也是其中的一人。

這本書在二〇一九年十二月這個時間點的發行量已經突破五十萬本。在出版不景氣的大環境下，無論到哪家書店都可以看到這本書的陳列，稱得上暢銷書的代表。

而且，除了日本之外，該書還翻譯爲英文、德文、法文、義大利文、葡萄牙文、阿拉伯文、中文、韓文等版本，在全球三十個國家出版，二〇一九年十月時的全球銷售本數已有兩百萬本。而其中約四分之一的銷量來自日本，由此可知這本書在日本有多受歡迎。

《眞確》的開頭從「關於世界事實的十三個問題」開始。

問題2　世界最多人口居住的地方是哪裡？

A 低所得國家

B 中所得國家

C 高所得國家

也許是出於「開發中國家的人口比較多」的印象，這一題似乎很多人都回答「A」，其實正確答案是「B」。

也就是說，**過去人口爆炸式成長的國家，後來順利達成經濟發展，正逐漸解決自家國內的貧窮問題**，但讀者並不知道這樣的現狀，還停留在「開發中國家＝人口大多貧困」的固定觀念。《眞確》一書讓人們看到了這樣的事實。

「關於世界事實的十三個問題」大多是爲了讓世人明白**「人們不知道這個世界其實一直在變好」**、**「我們無須對現狀過於悲觀」**所做的提問。同時也是作者漢斯・羅斯林（Hans Rosling）曾經實際問過世界級菁英階層的問題。

二〇一七年針對十四個國家共一萬兩千人進行的網路調查中，十三個問題中除了答對率最高的地球暖化問題以外，其他十二個問題的平均答對題數只有兩題。而且，即使是各領域的專家，或是學歷、社會地位較高的人，答對率同樣也很低。

這些問題全是三選一的題型，即使隨便勾選答對率應該也有三分之一，會低於這樣的比率，就代表人們存在著使他們選擇錯誤選項的偏見。

造成這種現象的主因之一，就是第二章中介紹的**「確認偏誤」**。

《眞確》一書針對人們容易在無意識間陷入的「確認偏誤」，提出一項項資料數據來進行反證。在閱讀這本書的過程中，我們會驚訝於自己對那些缺乏根據的資訊有多麼深信不疑，並感受到自己的偏見正逐漸應聲崩倒。

不過，由於這是在日本狂銷五十萬本、全球暢銷兩百萬本的世界級暢銷書，我認爲其暢銷熱賣的理由應該還有其他。

在某項商品暢銷爆紅的過程，可以看到以往爲止對該商品沒興趣的人也開始產生興趣並購買的現象，其背後存在了名爲**「單純曝光效應」**的心理現象。

36

【單純曝光效應】Mere exposure effect

即使一開始沒興趣、或覺得不擅長的事物，隨著自己看過或聽過的次數愈來愈多，就會開始產生好印象。這種傾向不僅會發生在音樂、服飾或廣告上，同樣也適用於人際關係。

◎**具體範例**

打贏選戰的方法之一，就是每天早上在選區的街頭演講，讓選民記住你的臉和名字，或是在選舉期間連續呼喊候選人的名字（姑且不論這樣的方法是好是壞）。現今是社群媒體普及的時代，在不斷接觸推特、臉書、報紙廣告等複數媒體廣告的過程中，人們會記住該產品或服務，並留下好的印象。像推特的轉推功能就具備了擴大「單純曝光效應」的效果。

近年來「打書」的手法之一，就是活用「線上沙龍」等平台「打造核心客群，再請會員投稿書評，藉此協助宣傳」，這樣的手法也引發了話題。

雖然不知道《眞確》是否也刻意採用這樣的手法，但該書出版之後的確成立了「讀過《眞確》的人」的團體，團體成員會在網路上投稿書評，並透過 note[4] 等服務

4　二〇一四年在日本成立的媒體平台，用戶可以自行設定文章是否為付費閱讀，也可以自己將文章編輯成一本雜誌。

積極地擴散該書的相關資訊，積極地打書。我記得自己曾看到這樣的操作。

爲何不是賣書的那一方，而是買書的讀者自發協助打書，關於這一點，只要回想第一章提過的「內團體偏誤」（64頁）應該就可以理解。當擁有這本書開始成爲「打入某團體」的「一種身分象徵」，就會引發人們爭先恐後搶買的行動。

法國經濟學家托瑪．皮凱提（Thomas Piketty）所著的《二十一世紀資本論》（日文版由MISUZU書房出版，繁體中文版由衛城出版）是售價含稅近六千圓的高價書籍，但日語版甫出版一個月內就熱賣超過十三萬本，跟《眞確》同是暢銷書中的暢銷書。

這本書分析了數百年的數據資料，證明無論在哪一個時期，資本藉由股票買賣等方式所產出利潤的增加率，經常超過勞動者薪水的增加率，主張「差距問題」本就是資本主義的結構性問題，卽使稱這本書爲「經典名著」也不爲過。

不過，《二十一世紀資本論》原是研究經濟學的專書，其頁數超過七百頁，且敍述方式對一般人而言相當艱澀難解，竟能創造這樣的暢銷紀錄，這件事本身就會成爲極大的話題。

跟《眞確》一樣，《二十一世紀資本論》也帶動了「理所當然要擁有」、「理所當然要閱讀」的風潮，傳聞對企業經營者或高階幹部等上級管理階層而言，該書更是其身分地位的象徵，這一點也成了帶動該書暢銷的原因之一，這正是「內團體偏誤」所引發的效果。

接著，愈來愈多人「跟風」這些核心粉絲的購買行動而買書，將這本書推上暢銷書的寶座。像這樣「既然大家都在讀，那我也買來讀讀看吧！」的傾向，稱爲**「從眾效應」**。

37

【從眾效應】Conformity bias

在選擇接下來要採取的行動之際，先觀察他人的行動，再選擇與多數人同樣的行動。在沒有特別偏好的狀況下、或是對由自己來選擇這件事感到不安，就會配合周遭的人。因為跟大家一樣感覺比較安心。

◎ **具體範例**

在學校或職場目擊「霸凌」的人，有時即使不涉入加害行動，也會假裝沒看到「霸凌」。當從眾效應不斷加劇，甚至會成為加害者的幫兇。

二〇〇三年二月十八日，韓國地下鐵發生了火災，引發一百九十二名乘客喪命的慘劇。事件後的報導公開了一張照片，在充滿煙霧的車廂內，乘客仍若無其事地端坐著。當下立即破窗逃生明明是最佳對策，卻沒人採取行動，也許就是因為大家都認為「其他人看起來都不驚慌，應該不至於到要破窗逃生的程度吧」。

當然，一本書之所以會暢銷，與其內容有趣、出版時機符合天時地利等諸多要素有關，而訴諸人類的心理特性向大衆宣傳也是創造暢銷的重要元素之一，我認爲這一點相當重要。

■《真確》的內容就是真的「事實」嗎？

我們再次回到前面提到的「問題 2 世界最多人口居住的地方是哪裡？」這個問題。答案是「世界上最多人居住的地方是中所得國家」，但這眞的就是「事實」（fact）嗎？在此我想發揮「眞確」（FACTFULNESS，不被數據資料迷惑的技巧）的精神來進行檢證。

這個問題的答案，其根據是世界銀行[5]的統計資料。

在該統計中，所謂的低所得國家、中所得國家、高所得國家，其「平均每人的GNI（Gross national income，國民總所得）」規模的定義請見下頁圖表。

在此我們關注一下位於非洲的國家迦納。對照上面的圖表，迦納屬於「中低所得國家」，在前面《眞確》一書的提問中，相當於「最多人居住的國家」。

迦納的主要產業是農水產業，尤其可可的高產量在世界更是名列前茅。自二〇

5 World Bank，縮寫 WB，是為開發中國家的開發計畫提供貸款的聯合國系統國際金融機構。

一〇年起，因爲開始生產石油與天然氣，該國的經濟有了相當顯著的成長，在西非甚至被評爲政治經濟的優等生。

這樣的迦納，卻在二〇一〇年十一月發生一起事件。

迦納的政府統計機關將GDP（Gross Domestic Product，國內生產毛額）的計算方式由一九六八年公布的計算公式，更改爲一九九三年公布的新版計算公式之後，**如下頁圖表所示，GDP竟一口氣成長了六〇%**。

幾乎所有年度，無論「第一產業[6]」（AGRICULTURE）、「第二產業[7]」（INDUSTRY）、「第三產業[8]」（SERVICES）的任一產業，右方新的計測數值都遠高於左方舊的計測數值，尤以「第三產業」（SERVICES）的成長最爲顯著。

將GDP的計算方式由一九六八年版改爲一九九三年版的國家不只迦納，包含

---

6 第一產業包含農業、林業、漁業、畜牧業、採集業等，直接取自於自然資源的經濟活動。

7 第二產業是針對第一產業所提供的原料，再進行加工的過程，所包涵的類別有採礦業、製造業、電力、燃氣、水的生產及供應業、建築業等。

8 第三產業是指除第一及第二產業以外的所有行業，泛指服務業，以及可以提升生活水準、技術、設備等產業。

「低所得國家・中所得國家・高所得國家」的區分

高所得國家	**平均每人的GNI在＄12,376以上**
中所得國家	平均每人的GNI在＄3,996～＄12,375以上
中低所得國家	平均每人的GNI在＄1,026～＄3,995以上
低所得國家	平均每人的GNI在＄1,025以下

出處：世界銀行

「轉換計算方式後」迦納的 GDP

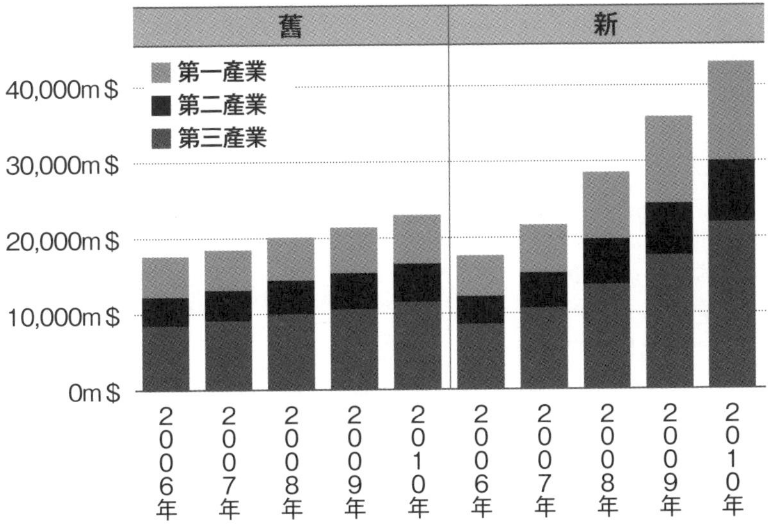

日本 GDP 的基礎資料

生產面、分配面（所得面）

項目	用來推算GDP的主要統計資料
生產	**工業統計、商業統計**【經濟產業省】 服務產業動向調查、**科學技術研究統計、住宅及土地統計【總務省】** 建設綜合統計、**自動車運送統計**【國土交通省】、**作物統計、木材統計**【農林水產省】、各種有價證券報告書
中間投入	**產業關聯表**【總務省10府省廳】 **工業統計、特定服務產業實態統計**【經濟產業省】、各種有價證券報告書
受僱者報酬	**國勢統計、勞動力統計、就業構造基本統計**【總務省】 **每月勤勞統計、薪資結構基本統計**【厚生勞動省】
間接稅等	國家的財務報告【財務省】 地方財政統計【總務省】
固定資本消耗	**產業關聯表**【總務省其他10府省廳】、**工業統計、商業統計**【經濟產業省】、**科學技術研究統計**【總務省】、建設綜合統計【國土交通省】、各種有價證券報告書、民間企業投資·報廢調查【內閣府】
營業盈餘、綜合所得	**個人企業經濟統計**【總務省】、**法人企業統計**【財務省】

出處：日本內閣府

日本在內的所有國家都已實施完畢。在轉換計算方式時，的確有許多國家的GDP數值出現或多或少的變動，但一口氣增加六〇%實在令人難以置信。

GDP並非能夠正確測定所有經濟活動的結果，那只不過是活用各種統計數據，根據計算公式推算出來的數據，無可避免一定會發生或多或少的誤差。

說到日本GDP的計算方式，根據日本內閣府的資料，用來計算GDP的基礎統計資料如上圖所示。

雖說誤差在所難免，但GDP的計算方式從一九六八年版改爲一九九三年版時，其中的改變大概就是計測範圍的擴大或既有計算公式的微調，光是這樣的改變實在無法用來解釋高達六〇％的ＧＤＰ數值增加。

也就是說，迦納既有的統計系統其實經不起檢視。

二〇一五年八月，日本有一本翻譯書出版，日文書名是《統計會說謊：非洲開發統計隱藏的眞實與現實》（統計はウソをつく　アフリカ開発統計に隠された眞実と現実），因爲這本書不像《眞確》那麼有名，知道的人恐怕不多。

這本書於二〇一三年以《*Poor numbers: How we are misled by African developments statistics and what to do about it*》的書名在美國出版，作者莫頓．杰爾文（Morten Jerven）是來自挪威的經濟史研究家。

之所以會寫這本書，契機是作者當初爲了博士論文的調查親自造訪尚比亞的統計局時，親眼見到現場工作人員的草率態度，驚訝的他開始心生疑問：「這些人是怎麼製作統計資料的？」於是，作者在撒哈拉沙漠以南的非洲諸國展開國民經濟計算與ＧＤＰ統計的相關檢證，最後證明這些數據資料「不能當眞」。

提到「統計結果不能當眞」，日本在二〇一九年也發生了「每月勤勞統計[9]」造假的事件，而撒哈拉沙漠以南非洲諸國的統計資料，更是遠超過日本的大規模造假，根本不能當眞。

舉例來說，奈及利亞的人口約兩億人（根據二〇一八年世界銀行的調查，爲一億九千五百八十七萬人），是全球人口排名第七的大國。

但根據杰爾文的說明，奈及利亞的人口普查[10]「在殖民時代爲了逃避徵稅而迴避人口登記，因此紀錄中的數值遠比實際還少」，但「獨立後爲了增加政府資金對地域的分配及選舉中的議員人數分配，因而浮報了人口數量，所以人口登記的數值如今又比實際還多」，無論哪一項數據都無法反映該國的眞實狀況。

當初爲了符合「兩億人」的人口估計，只好在某項數據灌水蒙混過去，但這麼一來該數據就跟其他數據對不起來，只好又修正其他數據，陷入不斷造假數據的負

9 日本厚生勞動省有關薪酬與工時的就業數據。
10 又稱國勢調查或人口調查，是近代統計國家人口的重要工具，以具體全面的抽樣方式調查全國人口、住房以及相關的重要事項。

面循環。

在這樣的狀況下，杰爾文表示「統計數據」並非「絕對可以信賴」的東西，因爲**那只不過是「包含了政治妥協及諸多任意性的數據」，人們必須在這樣的前提下，針對這些數字進行嚴謹的討論與判斷**。

前面提到的「問題 2　世界最多人口居住的地方是哪裡？」就是以收集這些數字的世界銀行的資料爲「根據」，並將這些資料視爲「事實」（fact）。

如果因爲是世界銀行公布的數字就認爲可以信賴，感覺像是在推卸責任。只要數字並非百分之百可信，不一定能夠呈現眞實的狀態，在處理統計數據之際，就需要先經過確認「該數據是否眞的正確」的作業。

我並不是要批判《眞確》一書怠忽這方面的作業，但光憑世界銀行公布的數字，就單方面地想藉此來啓蒙社會大衆「各位的認知有誤」，這才是我最感到憂心的地方。

順帶一提，比爾．蓋茲與前美國總統歐巴馬對《眞確》一書的推薦文如下：

One of the most important books I've read—an indispensable guide to thinking clearly about the world.

（我所讀過最重要的書之一，帶領你清晰思考世界的必備指南。）

——比爾·蓋茲（微軟創辦人）

Factfulness by Hans Rosling, an outstanding international public health expert, is a hopeful book about the potential of human progress when we work off facts rather than our inherent biases.

（這是一本充滿希望的書，讓我們看見只要基於事實而非固有的偏見而行動，人類就有進步的潛力。）

——巴拉克·歐巴馬（前美國總統）

比爾·蓋茲似乎對《真確》一書深受感動，甚至將本書送給二〇一八年的全美大學畢業生作爲禮物（只要該畢業生表示想收到本書）。但他也很喜歡《統計會說謊：非洲開發統計隱藏的眞實與現實》這本書，還曾將其列入「比爾．蓋茲二〇一三年度選書」。

比爾．蓋茲在介紹《統計會說謊》時，提到自己在進行慈善活動之際，經常會參考人均ＧＤＰ作爲分配有限資源的指標之一，讀過此書之後才知道那些數字往往與事實相差甚遠……。

比爾．蓋茲會介紹《眞確》與《統計會說謊》兩本書雖屬有趣的偶然，但聰明如他應該不至於相信《眞確》中的數據資料全都是「事實」（fact）吧。

經過《統計會說謊》一書的啓發，再加上比爾．蓋茲本人也曾說過：「爲了得到正確的ＧＤＰ數字，有必要投入更多資源。」由此可知，他本人非常清楚眞正的事實爲何。

■活用「權威掛保證」的數據

迦納的統計資料爲何會缺乏正確性？

因爲對統計的理解不足？沒有花預算在統計服務上？還是以數字爲基礎的政策立案不如先進國家普及……？可以想到的理由很多，但我認爲最大的原因應該是「對執政者有利」。

「迦納是中所得國家」這個「可疑的數據資料」，有可能被迦納的執政者拿來當成藉口，以此來逃避國家本應採取的貧窮問題對策。

而且，因爲被誤判爲中所得國家，本應是比爾・蓋茲實施慈善活動的國家，因此被從名單中刪除。比爾・蓋茲說出的「應該重新檢視根據ＧＤＰ來分配資金的做法」這句話，暗示了這樣的可能性極高。

《眞確》這個書名，再加上「這是暢銷全球的書籍」所產生的「單純曝光效應」，讓我們輕易相信**「這本書的數據資料一定是正確的」**。

也許是我所擅長的「數據科學」或「統計學」，以及廣義的大數據的普及所帶來的影響，我們會在無意識中相信「今日的人們可以基於正確的數據來進行正確的判斷」。

然而，人們其實並不是那麼擅長基於「事實」的判斷。

美國經濟學家理查・塞勒（Richard Thaler）於二〇一七年獲得諾貝爾經濟學獎之後，「行爲經濟學」一舉獲得世人矚目。行爲經濟學不同於以往的經濟學，其前提是**「人們會因為時間跟場合做出非理性的決定」、「人們的記憶與思考經常是扭曲的」**。

本書也針對這些點進行了諸多說明。

只要收集「數據」這樣的事實（fact），就能得到正確的結果，這樣的想法容易讓人陷入思考的謬誤，以「數據可能是錯的」爲前提來思考，反而是「正確判斷」所需的最低限度的行動。

從《眞確》一書的暢銷我們可以得知：這本書之所以讓人們「狂熱」，並不是因爲書中收集了正確的數據，並累積了正確的判斷。

也許正是因爲人們理解「自身判斷的不確定性」，才會想要緊抓著「能讓自己相信絕對正確的事物」不放。

「如果是這個人說的一定沒錯。」、「因為是這本書說的，必定是真的。」人們習慣將查證的工作交由他人來做，只想輕鬆地閱讀「經認證為正確的內容」。

不過，我並不認爲「人類是無知愚昧的生物」，反而覺得人們具備其他生物所沒有的「智慧」。所以，千萬不能放棄正確觀察、正確判斷這件事，當你放棄這麼做時，才眞的成了「無知」的生物。

不過，就創造「狂熱」這方面而言，活用「權威掛保證」的數據來說服消費者，的確是非常有效的做法，實際上也眞的有不少暢銷商品正是採用了這樣的手法。

在我看來，應該要有更多統計專家對《眞確》一書中的數據提出指正才是，但日本熱銷五十萬本的成績，確實強化了《眞確》這本書的可信度。

倘若你就此認定「這麼暢銷的書不可能有錯」，就眞的是不折不扣的「偏誤」了。

「金錢與生命」總被放在天秤上衡量

■「新冠肺炎疫情」所引發的「狂熱」

希望本書出版時疫情已經穩定，在本書執筆的當下，「新冠肺炎」（COVID–19）正肆虐全球。

大家也許已經忘記了，如今讓全球陷入恐慌的新冠肺炎，起初並沒有獲得太大重視，頂多就是小石頭投進池子裡引起小漣漪的程度而已。

二〇一九年十二月八日，中國湖北省武漢市（人口一千零八十九萬）衛生健康委員會首度報告出現了原因不明的肺炎患者。之後，感染者逐漸增加，該機關於十二月三十一日向世界衛生組織[11]（World Health Organization，縮寫爲WHO）報告疫情。

11　世界最大的政府間公共衛生組織，總部設於瑞士日內瓦。根據《世界衛生組織組織法》，世界衛生組織的宗旨是：「使世界各地的人們盡可能獲得高水準的健康。」

隔年二〇二〇年一月七日判定原因是新型冠狀病毒感染引起的急性呼吸道傳染病，九日出現第一位死者。之後，新冠肺炎疫情以武漢市爲中心迅速擴散，十三日在泰國出現了中國境外首例確診者。

一月二十三日終於在中國共產黨中央政治局的指示下，實施武漢市的「封城」，公車、地下鐵、船舶、機場、鐵道等交通機關全部停止運作。看到事態嚴重的各國政府接二連三發表以專機接回留在武漢市的自家國民的措施，日本政府也實施了同樣的措施。

之後的發展想必大家應該還記憶猶新，在此就不多加詳述。

當初認爲那只是中國的問題，一直「隔岸觀火」的歐洲和美國，後來也成了感染擴大的據點。至二〇二〇年三月十六日，其他國家的確診者人數已經超過中國本土的確診者人數了。

在日本，當初停靠在橫濱港的英籍油輪「鑽石公主號」也引發了話題。之後隨著疫情逐漸擴大，日本政府於二〇二〇年四月七日針對部分都道府縣發布「緊急事態宣言[12]」，接著又於四月十六日將實施對象區域擴大至全國。

根據世界衛生組織的發表，新冠病毒引發的肺炎致死率推定爲三%左右，高齡者的死亡率愈高。

接下來全球的死亡人數預估將高達數十萬人，在現今這個時間點，新冠肺炎無疑是「二十一世紀最大的噩夢」。

當初新冠肺炎還是中國國內的問題時，由於札幌的拉麵店與箱根的柑仔店在店門口張貼「中國人禁止入店」的告示，還曾在日本國內的網上引爆話題。**沒想到不到兩個月，別說禁止入店，就連在外頭走動都不行，事態的發展所有人都始料未及。**

對於當初「中國人禁止入店」的告示，網友的反應大多是「做得太過火了吧」、「這是歧視人種的非法行爲」之類的抨擊，但是人員、物品、金錢的全球化，的確將原本僅限於局部地區的病毒感染擴大爲全球的危機，所以我認爲店家當初採取的

---

12 第一次「緊急事態宣言」以東京都、大阪府、千葉縣、神奈川縣、埼玉縣、兵庫縣及福岡縣等七都府縣為實施對象，「籲請」民眾配合，除了維持生活必要的情況外，不要外出。超市及藥局等販售日常生活必需的食物、藥品等店家，還是可以繼續營業，民眾也可以上街購物，法律中並無明訂罰則，即使不遵守也無法開罰。

景氣的現狀判斷指數（DI）的構成比率（2019 年 12 月～ 2020 年 2 月）

年	月	變好	稍微變好	沒有改變	稍微變差	變差
2019	12	1.0%	11.4%	45.9%	32.9%	8.9%
2020	1	1.0%	11.0%	46.5%	32.7%	8.9%
	2	0.9%	6.1%	25.0%	37.9%	30.1%

出處：日本內閣府

做法是很難輕易就評論對錯的難題。

來自海外的訪日觀光客銳減，街上的人潮也大減，觀光地首當其衝，不僅是餐飲業和零售業，經濟整體受到相當嚴重的波及。

內閣府針對百貨公司、超市、超商等零售業或休閒產業、計程車司機等敏銳反應景氣的職種，對約兩千人進行了採訪，並分析其結果。根據內閣府的「景氣觀察調查」，在二〇一九年十月的消費稅增稅及新冠肺炎疫情的雙重打擊之下，日本的經濟整體的確遭受到了重大的打擊。

上圖是有關景氣現狀判斷的回答比率。**有七成受訪者都回答「景氣變差了」**。

二〇一九年十二月三十日的日經平均指數股價終值達到兩萬三千六百五十六圓，是自一九九〇年以來睽違二十九年的高點，誰知三個月後的二〇二〇年三月十九日竟降至一萬六千五百五十二圓，這中間的差額高達七千圓以上。

紐約股市的價格也同樣下跌。三月二十日當天的道瓊平均股價低於川普於二〇一七年一月二十日就任總統之際的終值一萬九千一百七十三點九八美元。市場預測，自川普就任總統之後的「川普行情」可能就此畫上終點。

■為什麼媒體總是遭到抨擊？

爲了防止新冠肺炎疫情的擴大，盡可能減少死者的出現，「確診者的早期發現」是重要關鍵。世界衛生組織祕書長譚德塞呼籲：「檢查、檢查、再檢查。疑似感染的案例全都要檢查。」但所謂的「疑似感染」指的是「與確診者接觸過，而且出現症狀」，並非獎勵只要出現症狀就要接受檢查。

有些國家像韓國那樣採取全民接受「ＰＣＲ核酸檢測[13]」的方針，而日本的檢測實施對象則僅限有必要接受ＰＣＲ篩檢的人。

韓國過去曾流行過「中東呼吸症候群冠狀病毒」（ＭＥＲＳ），有當時累積的經驗，得以馬上採取坐在車內就能採取檢體的「得來速型檢查」等大幅度縮短時間的做法。反觀日本，因爲只能在醫院或醫療機關接受ＰＣＲ篩檢，無法效法韓國的做法。

在我看來，日本所採取的方針是在不增加檢查數量的前提下，對全體國民呼籲防疫觀念，並徹底追查群聚感染的路徑，只要是跟確診者接觸過的人，全都要進行ＰＣＲ篩檢，以防止大規模的感染擴大。

至於哪一個方法才是適切的應對，由於這是與該國的醫療體制、衛生意識及經濟狀況等諸多因素相關的複雜問題，無法輕易地下判斷。

可是，支持韓國做法派與支持日本做法派雙方在網路上展開了激烈的論戰。無論哪一方，**只要發現與自身主張相反的意見，就會留下批判性評論。像這樣的論戰**

---

13 俗稱「ＰＣＲ篩檢」，在檢測過程裡，醫療人員會從民眾的鼻子或咽喉後部收集分泌物，再將採檢到的咽喉棉棒或痰液樣本放大觀測，比對有無新冠病毒的基因排列。

不斷在網路上演。

尤其世人對大眾傳播媒體的攻擊特別強烈，只要發現與自身主張不同的報導，網路上馬上就會出現激烈的批判評論。

我認爲這是名爲**「敵對媒體效應」**的偏誤所致。

38

【敵對媒體效應】Hostile media effect

認為媒體報導是與自身思想完全相反的扭曲報導。許多人都認為「大眾傳播媒體在操縱輿論」，但因為多數人都對媒體抱持懷疑的態度，媒體反而沒有什麼影響力。

◎ **具體範例**

對於媒體的報導，執政黨支持者認為那是「偏在野黨的報導」，或在野黨支持者

認為那是「偏執政黨的報導」。「希望媒體報導能夠更公平、公正」這樣的發言，想要的究竟是「對誰而言」的公平公正呢？

「擴大檢查派」與「肯定現狀派」兩方都認爲自己的主張才是對的，深信都是對手陣營在散布假消息。

過去漫畫家小林善紀[14]曾將被戰後民主主義「洗腦」的民衆稱爲「純粹直腸子君」。看到網路上被情緒煽動的言論，讓人忍不住想起這個說法，意圖將自認的正義強加在對方身上，就某個意思來說，是比新冠肺炎疫情還要恐怖的現象。

還有在社群平台上散布「假消息」的現象。

之前「衛生紙卽將缺貨」的「假消息」甚囂塵上，在不安的驅使之下，民衆在

14　日本男性漫畫家，本名小林善範（日語發音與筆名相同）。為自營出版社「Yoshirin企畫」社長，以及政治運動團體「傲宣道場」主持人。其「思想漫畫」《傲骨宣言》系列，以日本的部落問題、新興宗教等社會問題與政治變遷作為漫畫題材。該系列作品之一《台灣論：新傲骨精神宣言》也曾在台灣引發兩極評論。

藥妝店等大量購買衛生紙囤貨，造成非常大的影響。

之後查到貼出這則「假消息」的人是某集團的員工，該團體只好被迫出面向社會大眾謝罪。

不過，被視為「假消息」開端的這一則貼文本身並沒有擴散，發文者的貼文是否就是造成「假消息」擴散的原因，其實無法蓋棺論定。

在我看來，「網路上出現衛生紙和面紙可能會缺貨的假消息，但其實是毫無事實根據的假消息」的發言只在部分人之間擴散，反而是媒體報導「假新聞滿天飛」過後，衛生紙搶購騷動才擴大至全國的規模。

話說，大眾對假新聞的反應為何如此敏感？**原因應該在於大眾認為「利用假消息獲利的人不可原諒」吧**。

這種想法在心理學上稱為**「零和捷思」**。

39

【零和捷思】Zero-sum heuristic

認為「獲利的總額是一定的」，只要有人獲利，就一定會有人損失相同的金額。明明只要增加獲利總額即可，一旦遇到自己無法干涉的領域，「自己不想損失」的想法就會益發強烈。

◎ 具體範例

一九九〇年至二〇〇〇年代，日本社會發生了嚴重的「官僚批判」，因為民眾覺得高級官僚一旦獲利，遭受損失的就是國民，引發社會大眾批判「官僚坐領高薪」。其結果就是，公職人員後來成為「工作辛苦，但薪水意外少的職業」，有志成為公僕的人減少。因為國家負責掌舵的人才減少，導致國家整體的利益也減少。

為何人們會追求「零失誤」？

「札幌雪祭」是在通風良好的戶外舉辦的活動，二〇二〇年二月十三日活動結束之後，北海道的確診者急遽增加。「札幌雪祭」成了群聚感染的場地，令人遺憾。

參加活動的攤商有不少都採取塑膠布屋或組合屋的形式，而且在會場周邊的餐飲店裡休息的人很多，民眾在不知情的狀況下與確診者處於同一個密閉空間，或是近距離說話，因此引發了群聚感染。

之後政府雖然立即提出「大規模活動自肅」[15]的要求，卻將決定是否舉辦活動的「燙手山芋」拋給主辦單位，要求主辦單位根據該地區的感染狀況自行判斷，因此引發了民衆極大的批判。由於政府所說的「大規模活動」並沒有一定基準，不僅棒球或足球等體育活動，像音樂 live 表演等數百人規模的活動也一律被要求「自肅」。

爲了抑止疫情擴大，的確有必要實施「大規模活動的自肅」之類的「行動限制」，

15　呼籲民眾自律配合不要舉行大規模的活動，但政府並不會強迫或限制民眾，即使民眾不遵守也不會因此受罰。

但「自肅」期間一旦過長，或是連不需要自肅的活動也被要求自肅，就會對經濟產生極大的影響。自二〇二〇年四月後，親身感受到經濟劇烈惡化的我們，應該最清楚這件事吧。

雖說如此，行動限制該進行到何種程度、又該實施多長期間，由於國家與地方自治體都沒有確切的見識，只能在暗中摸索的狀態下進行。

正如「言易行難」這句話，政府的確被迫面臨極爲困難的決斷。

由於活動舉辦的基準不夠明確，也有主辦單位「決定照常舉辦活動」的案例。尤其是展演空間（live house）或俱樂部活動、戲劇或傳統娛樂的寄席表演[16]等，也有不少主辦單位採取不自肅的方針。

只是，在完全缺乏應對知識的狀況下，無可避免一定會發生失敗的案例。就像「札幌雪祭」引發的群聚感染案例，讓社會大眾明白即使是室外舉辦的活動，也有可能發生群聚感染，這一點反而是極大的進步。

---

16 「寄席」是觀賞日本傳統娛樂的設施，尤以落語表演（單口相聲）為主。

但是，就民衆的情感面而言，還是會覺得「當初政府要是能夠提出明確的基準，就能夠避免群聚感染事件的發生」。

正如我們不可能將交通事故的機率降爲零，我認爲要完全防止新冠肺炎疫情的擴大是不可能的，但人們心中存在著「想將風險降爲零」的**「零風險偏誤」**，所以容易做出錯誤的判斷。

40

【零風險偏誤】Zero-risk bias

過於注重將某個問題的風險降至零，因此顧此失彼，反而忽略其他重要問題的傾向。要將風險的機率從一％降為〇％所需花費的成本，遠高於從一〇〇％降為一〇％所需花費的成本，然而人們卻總是將成本置之度外，一味地追求零風險。

◎ **具體範例**

要完全根絕新冠肺炎感染最快的方法，就是禁止全人類的一切外出。但這麼一來，誰來診察重症患者、提供食材、處理日常生活中產生的垃圾呢？如果要將所有風險降為〇％，就必須一併考量其他風險增加的可能性，但人們往往會忽視這一點。

過度追求零風險的話，對「自肅」的要求就容易變得過於嚴苛。而且，倘若無法確保一定程度的行動自由，也容易造成對經濟的嚴重打擊。

■新冠肺炎疫情是「新商機」嗎？

目前已經有部分人開始將人類與新冠肺炎疫情之間的「戰爭」漸趨穩定的世界稱之爲「後疫情時代」。也有人判斷疫情將長期持續，因而提出「與病毒共存」的觀念。

人們習慣藉由為事物「取名」來認識該概念。但是，我從**「後疫情時代」**跟**「與病毒共存」**這些新詞彙中，都發現到人們長久以來使用的行銷觀點。

「後疫情時代，在家工作與遠端工作是理所當然的。」、「與病毒共存的時代會讓不工作的薪水小偷大叔現形。」、「後疫情時代將是個人的時代。」、「身處與病毒共存的時代，工作的方式應該更加彈性。」如此主張的人們在他們基於商業利益角度的發言中，就經常使用到這些詞彙。

這麼說可能有人覺得我不夠上道，相信提出這些主張的人當中，應該有人接下來會出版「後疫情時代」或「與病毒共存」主題的書。

也就是說，在醫療相關工作者與政府相關人士正拚命阻止新冠肺炎疫情擴大的當下，還是有一定數量的人滿腦子都是「今後的商機」。

這樣說可能有人會覺得我對這些人抱持著批判的態度，實際上剛好相反。

我反而覺得能察覺到將來的商機，並因此創造出「後疫情時代」、「與病毒共存」這些新詞彙是非常了不起的才華。當全世界都陷入恐慌，他們卻能夠冷靜地思考如何趁勢賺錢，這樣的商業敏銳度眞的值得尊敬。

從人們身上，我們既能看到將成本置之度外，追求「零風險」的極端傾向，也能看到「性命」和「金錢」兩者都想要的某種「矛盾」，讓我深感人類眞的是強韌的生物。

新冠肺炎疫情所引發的與其說是「狂熱」，更近似於「恐慌」，在這樣的世況下，以「人命爲重」的「大義」來正當化人種歧視的行動，或是出於「善意」想要「防止假消息擴散」，卻反而讓假新聞更加擴散，由此可以看到人類赤裸裸的矛盾與雙面性。

正因如此，我們學會了不能光靠大道理或得失計算來判斷人心。**人們本就會基於「算計」或「情感」來採取行動。新冠肺炎疫情就是讓這樣的人性本質暴露無遺的一面照妖鏡。**

結語

非常感謝您讀完本書。在本書最後，我想談談自己寄託在本書中的「想法」。

本書使用了「行銷理論」、「行爲經濟學」以及「數據科學」，來嘗試解讀爆紅商品、現象、人物背後隱藏的「惡與慾望」。

一般人容易只憑「錯誤的事」、「不該做的事」的「印象」來解釋「惡」，卻忽略了每個人心中一定潛藏著「惡」的事實，倘若不認同這一點，就說不上是理解人心。這就是本書最想傳達給各位讀者的思想。

各宗教都以「七宗罪」或「一百零八種煩惱」來定義「惡」，並引以爲戒。之所以要求信徒遵守「戒律」，正是因爲人們如果不這樣就會屈服於「惡」；反過來說，這正是「『惡』對人類具備了極大誘惑力」最強而有力的證據。

所謂的「惡」，就是如此充滿魅力，擁有讓人心狂熱的強大力量。

我從事的工作就是以各種手法來解讀消費者潛藏的需求，尤其著重於行銷中的「洞察行銷」（Insight marketing）。

前言也曾提過，即使經由顧客問卷調查或採訪得出消費者「想吃沙拉」這樣的答案，消費者「眞正的需求」往往另有其他。

該怎麼做才能解讀出消費者的「隱性需求」呢？在思考這件事之際，我開始著眼於「人心同時存在的善惡兩面」。

因爲我曾讀過佛教系學校，多少接觸過一些佛教思想，我推測「人們心中的惡」有沒有可能其實就是佛教中所謂的「煩惱」，於是讀了《阿毘達磨俱舍論》（將佛教教義的體系進行整理並加以發展的經典）。

讀了這本書之後，我得知了與「根本煩惱」相對應的「波羅蜜」（菩薩爲了成佛所做的修行）。從「煩惱」與克服這些煩惱的修行相互對應這一點，我開始理解到「『惡』與『善』本爲一體的兩面，這應該就是佛陀要告訴世人的教誨」。值此之際，每日新聞出版社的名古屋先生邀請我：「您要不要將這些領悟加以系統化，出版成書呢？」

本書在各章列舉出具體的商品或服務爲例，其實各章就是根據其各自對應的「煩惱」與「波羅蜜」來分類的。

	根本煩惱	波羅蜜
第1章	貪（慾望）	布施（施予）
第2章	瞋（憤怒）	忍辱（忍耐）
第3章	慢（懶惰）	精進（努力）
第4章	疑（不信）	持戒（道德規範）
第5章	惡見（偏見）	禪定（集中）
第6章	痴（愚笨）	智慧（修養）

也就是說，本書內容不僅以「科學」爲基礎，還具備了「佛教的佐證」，這一點希望各位讀者能作爲參考。

我眞心覺得古人非常偉大，要將複雜的人心進行系統化，再一一歸類爲「善」與「惡」，眞的是相當辛苦的作業。

即使同樣名爲「煩惱」，其種類相當繁多且範圍寬廣，即使是沒有傷及他人的行爲，或是法律上不構成問題的行動，在佛教中也認定爲「煩惱」。

佛教將「煩惱」視爲毀滅身心之「惡」，因此強烈禁止這些行爲，同時又認爲「煩惱」是每個人都會有的心理，若不藉由「波羅蜜」時時自我提醒，人們就容易招來「煩惱」上身。

也就是說，「不可行惡」既是佛教的重要教誨之一，「每個人的心中都隱藏著惡」同時也是佛教的教誨。

這一點跟以「消費者內心的矛盾及雙面性」爲前提的「洞察行銷」意外地類似。正因爲「人的一半是惡」，所以人們才會如此熱衷於「刺激惡的事物」，也就是「惡魔」。

這麼一來，我認爲與其以「冠冕堂皇的大道理」來訓誡世人，還不如解放人們與生俱來的「惡」，藉由「惡」的魅力來創造暢銷。

本書的初衷就是以上的想法，沒想到二〇二〇年爆發的新冠肺炎疫情，更是加深了我原本的想法。

新冠肺炎的問題讓「人們不會因爲『大道理』而行動」這件事再次攤在太陽之下。愈是想要爲「善」，這樣的想法反而愈容易讓人變得獨善，其結果就是對他人施以暴力的言行。

「我因爲疫情自肅待在家裡，竟然還有人讓孩子在公園裡玩，太過分了！」、「大家都乖乖地自肅待在家裡，竟然還有小鋼珠店開店營業，無法原諒！」我並不打算否定這樣的想法，但過度執著於「控制他人」，原本發自「善心」的言行反而會成爲他人的困擾。

雖說如此，也不能因此就斷定「強烈要求他人自肅」這件事就是「惡」。人們的判斷本就無法百分之百地完美。

應該說，人類在具備「道德感」的同時卻又「心智不夠健全」，既擁有了「協調性」卻又「不時會擾亂和平」，這正是我們與生俱來的雙面性。

人類本就不是單純的，而是充滿了「矛盾」的存在。這既是我的想法，也是包含佛教在內的前人們的教誨。

無法容忍這樣的「矛盾」，任何事都想合理地分個清楚，這樣的人請務必讀讀這本書。

最後，感謝每日新聞出版社的名古屋先生在本書寫作期間所提供的諸多協助。非常謝謝您提供的諸多精準且寶貴的建議。另外，在本書執筆的過程中，參考了以下書籍：

・《行動經濟學的使用方法》（行動経済学の使い方，大竹文雄／著）

・《世界是由感情驅動的》（*Trappole mentali*，馬泰奧・莫特里尼〔Matteo Motterlini〕著）

・《實踐行爲經濟學》（*Nudge*，理查・塞勒〔Richard H. Thaler〕著，繁體中文版《推出你的影響力：每個人都可以影響別人、改善決策，做人生的選擇設計師》由時報出版）

・《精華版行爲經濟學》（*Behavioural Economic*，蜜雪兒・貝德利〔Michelle Baddeley〕著）

・《快思慢想》（*Thinking, Fast and Slow*，丹尼爾・康納曼〔Daniel Kahneman〕著，繁體中文版《快思慢想》由天下文化出版）

・《思考的陷阱》（*You are not so Smart*，大衛・麥瑞尼〔David McRaney〕著，繁體中文版《任何人都會有的思考盲點：認識自己、洞悉別人，活得比今天聰明》由李茲文化出版）

・《關於心理學的神話》（心理学の神話をめぐって，日本心理學會／監修）

・《「想要」的本質》（「欲しい」の本質，大松孝弘、波田浩之／著）、《眞正的需求幾乎都是不自覺的》（ほんとうの欲求は、ほとんど無自覚，大松孝弘、波田浩之／著）

・日經 X Trend：「三得利天然水」成長的原點竟是「寶特瓶上黃色 POP」引發的大失敗
https://xtrend.nikkei.com/atcl/contents/18/00186/0001/

令和二年[1]六月　松本健太郎

1 即西元二〇二〇年。

作者簡介

松本健太郎

Matsumoto Kentaro

1984 年生。數據科學家。

龍谷大學法學院畢業後，切身體會到「數據科學」的重要性，進入多摩大學研究所重新研讀統計科學。目前主要提供數位行銷、消費者觀察分析等服務，也經常在日經商務 Online、ITmedia、週刊東洋經濟等媒體上發表 AI、數位科學、行銷方面等文章，並擔任電視節目的來賓。他在社群網站上發布的文章廣受好評，也是《日經 COMEMO》的成員之一，以意見領袖的身分在 note 上分享看法。

著作繁多，包括《受盡誤解的AI》、《為什麼我會「忍不住就買了？」》（光文社新書）、《數據科學「超」入門》（每日新聞出版）、《做圖表前先看這本書》（技術評論社）……等。

Top 018

掌握人的煩惱就大賣！惡魔行為經濟學

驅動風潮熱銷現象令消費者心動的 40 條行動法則

人は悪魔に熱狂する：悪と欲望の行動経済学

作　　　者　松本健太郎 Matsumoto Kentaro
譯　　　者　劉愛夌、鄭淑慧
執　行　長　陳蕙慧
總　編　輯　魏珮丞
特 約 編 輯　林美琪
行 銷 企 劃　陳雅雯、余一霞、林芳如
裝幀・裝幀畫　遠藤拓人
封 面 設 計　許紘維
攝 影 協 力　共同通訊社
排　　　版　JAYSTUDIO

社　　　長　郭重興
發行人兼出版總監　曾大福
出　　　版　新樂園出版／遠足文化事業股份有限公司
發　　　行　遠足文化事業股份有限公司
地　　　址　231 新北市新店區民權路 108-2 號 9 樓
電　　　話　(02) 2218-1417
傳　　　真　(02) 2218-8057
郵 撥 帳 號　19504465
客 服 信 箱　service@bookrep.com.tw
官 方 網 站　http://www.bookrep.com.tw
法 律 顧 問　華洋國際專利商標事務所 蘇文生律師
印　　　製　呈靖印刷

初　　　版　2022 年 07 月
定　　　價　400 元
ISBN　978-626-96025-2-0
EISBN　9786269602537（PDF）
EISBN　9786269602544（EPUB）

國家圖書館出版品預行編目 (CIP) 資料

掌握人的煩惱就大賣！惡魔行為經濟學：驅動風潮熱銷現象令消費者心動的 40 條行動法則 / 松本健太郎　著 . 劉愛夌、鄭淑慧　譯 --
初版 . -- 新北市：新樂園出版 , 遠足文化事業股份有限公司出版 , 2022.07
328 面；14.8 × 21 公分 —— (Top ; 18)
譯自：人は悪魔に熱狂する : 悪と欲望の行動経済学
ISBN 978-626-96025-2-0（平裝）

1. CST：行銷心理學

496.014 111008767